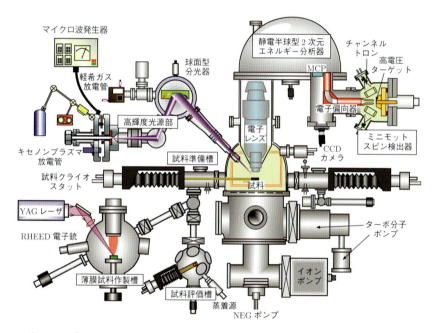

口絵 1　スピン分解 ARPES 装置の模式図．励起光源，電子エネルギー分析器，スピン検出器，および，試料を作製する試料準備作製槽で構成される（本文 p. 10, 図 2.8 参照）．

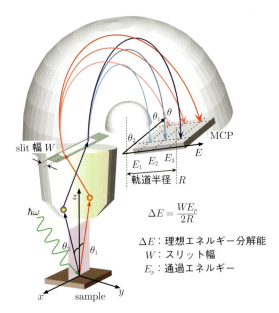

口絵 2　静電半球型 2 次元電子エネルギー分析器．試料から放出された光電子のエネルギーと放出角度を，2 次元的に同時に検出する（本文 p. 13，図 2.10 参照）．

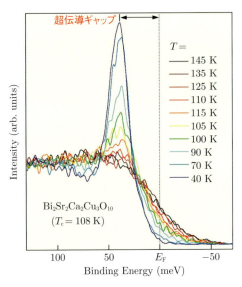

口絵 3　高温超伝導体 Bi2223 における超伝導ギャップの開閉を示す ARPES スペクトルの温度変化（本文 p. 27，図 3.13 参照）．

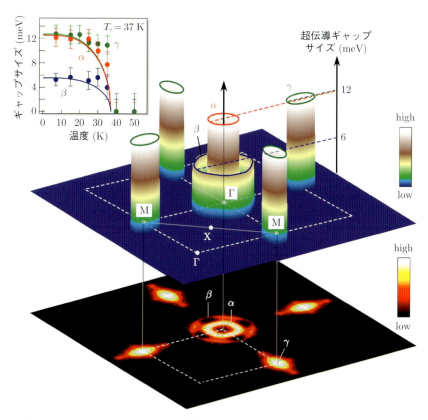

口絵 4　ARPES から決定した 122 系鉄系超伝導体のフェルミ面と超伝導ギャップ（本文 p. 39, 図 4.7 のデータをわかりやすく立体図にしたもの）．

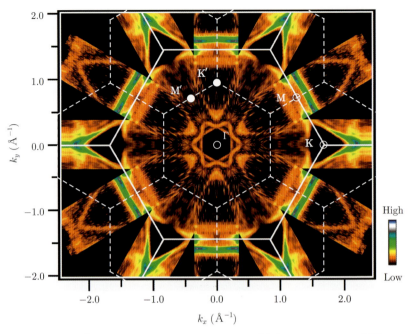

口絵 5 超伝導グラフェン C_6CaC_6 のフェルミ面（本文 p. 55, 図 5.10 参照）.

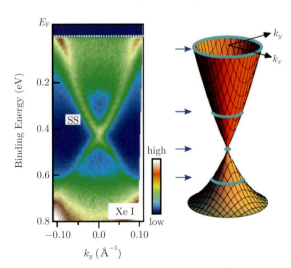

口絵 6 （左）ARPES により測定されたトポロジカル絶縁体 $TlBiSe_2$ の表面ディラックコーンバンド．（右）ディラックコーンの立体図（本文 p. 66, 図 6.5 参照）.

Frontiers in Physics 16

ARPESで探る固体の電子構造
高温超伝導体からトポロジカル絶縁体

高橋　隆 [著]
佐藤宇史

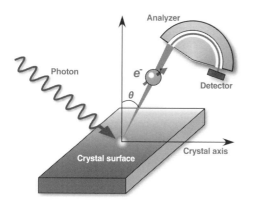

基本法則から読み解く**物理学最前線**

須藤彰三 [監修]
岡　真

16

共立出版

刊行の言葉

　近年の物理学は著しく発展しています．私たちの住む宇宙の歴史と構造の解明も進んできました．また，私たちの身近にある最先端の科学技術の多くは物理学によって基礎づけられています．このように，人類に夢を与え，社会の基盤を支えている最先端の物理学の研究内容は，高校・大学で学んだ物理の知識だけではすぐには理解できないのではないでしょうか．

　そこで本シリーズでは，大学初年度で学ぶ程度の物理の知識をもとに，基本法則から始めて，物理概念の発展を追いながら最新の研究成果を読み解きます．それぞれのテーマは研究成果が生まれる現場に立ち会って，新しい概念を創りだした最前線の研究者が丁寧に解説しています．日本語で書かれているので，初学者にも読みやすくなっています．

　はじめに，この研究で何を知りたいのかを明確に示してあります．つまり，執筆した研究者の興味，研究を行った動機，そして目的が書いてあります．そこには，発展の鍵となる新しい概念や実験技術があります．次に，基本法則から最前線の研究に至るまでの考え方の発展過程を"飛び石"のように各ステップを提示して，研究の流れがわかるようにしました．読者は，自分の学んだ基礎知識と結び付けながら研究の発展過程を追うことができます．それを基に，テーマとなっている研究内容を紹介しています．最後に，この研究がどのような人類の夢につながっていく可能性があるかをまとめています．

　私たちは，一歩一歩丁寧に概念を理解していけば，誰でも最前線の研究を理解することができると考えています．このシリーズは，大学入学から間もない学生には，「いま学んでいることがどのように発展していくのか？」という問いへの答えを示します．さらに，大学で基礎を学んだ大学院生・社会人には，「自分の興味や知識を発展して，最前線の研究テーマにおける"自然のしくみ"を理解するにはどのようにしたらよいのか？」という問いにも答えると考えます．

　物理の世界は奥が深く，また楽しいものです．読者の皆さまも本シリーズを通じてぜひ，その深遠なる世界を楽しんでください．

須藤彰三
岡　真

まえがき

　物理学事典で"電子"と引くと"静止質量 9.109×10^{-28} グラム，電荷 -1.602×10^{-19} クーロン，スピン量子数 $1/2$ の素粒子"と書いてある．したがって，電子の素性はことごとく明らかにされており，もう何も調べることはなさそうである．ところが，この有効数字数桁まできちんと定義された"ただ1種類"のはずの電子が，物質中に入り込むとまさに"千変万化"の変容を示す．ある電子は，2個でペアを作って電気抵抗ゼロで物質中を駆け巡ったり，またある電子は，あたかも質量が消え失せてしまうように見える．物質の様々な性質（例えば，電気を流しやすいとか，色が青いとか）は，基本的に物質中に含まれる電子の性質で決まっている．"ただ1種類"だったはずの電子が，物質中では様々な電子に変容して，物質に特徴的な性質を与えているのである．この物質中の電子の性質（つまり，物質の電子構造）を直接実験的に決定できる方法が，**光電子分光**である．光電子分光は，物質に光を照射したときに物質内部の電子が励起されて物質外に飛び出してくる**外部光電効果**に基礎をおく．実験的には，19世紀末にヘルツ (Hertz) が，マクスウェル (Maxwell) の予言した電磁波を発見した"ヘルツの実験"で同時に光電効果を観測し，20世紀初頭のアインシュタイン (Einstein) による**光量子仮説**によりその物理的基礎が明らかになった．このように，光電子分光（外部光電効果）は 100 年以上の長い歴史を持っているが，それが物性物理や材料科学の分野で大きく注目されるようになったのは，1986 年の高温超伝導体の発見を契機としている．当時，測定手段として完成しつつあった**角度分解光電子分光 (ARPES)** は，高温超伝導体における"大きなフェルミ面"や"超伝導ギャップとその異方性"を，まさに見てきたかのように明らかにし，研究者に大きなインパクトを与えた．これらの成果により ARPES の認知度は急速に上昇し，現在では，物性物理および材料科学での第一選択の実験手段の1つとなっている．それを端的に示すものとして，高温超伝導発見以前は，PES や ARPES と書いても，「どういう意味です

か，どう読むのですか？」と聞かれたものが，現在では，研究会などで若い研究者が「アルペス (ARPES) の結果はどうなっているのですか？」と，いとも自然に質問している様子をよく見かける．

　一方，近年，新物質の発見が相次いでいる．銅酸化物高温超伝導体の発見に端を発したフラーレン (C_{60}) や 2 ホウ化マグネシウム (MgB_2)，さらには超伝導の天敵とされた鉄を含む鉄系高温超伝導体などの新型超伝導体の発見．また，トポロジー（対称性）で保護された特異なスピン偏極表面金属状態を持つトポロジカル絶縁体や，グラファイトを極限（1 原子層）まで薄くしたグラフェンなど，枚挙に暇がない．現在，これらの新奇物質の特異な物性発現機構と電子構造の関係について精力的な研究が進められている．まさに，電子構造を直接観測できる ARPES の出番と言える．本書は，これらの新物質に対して行われた ARPES 研究について解説したものである．読者は，日進月歩で進展している新物質開拓研究の中で，どのように ARPES が大きく貢献しているのかを見ることができるだろう．本書が，これから研究の道に進もうとしている学生諸君には，将来の方向を見定める一助となることを，また現役の研究者の方々には，自分の研究をさらに発展されるヒントを得られることを期待する．

　本書の執筆にあたり，相馬清吾，菅原克明，中山耕輔の各氏には全体を通して通読して頂き有益なコメントを頂き，また図面の作成に協力頂いた．ここに感謝する．また，本書について，さまざまな提言をいただいたシリーズ編集委員長の須藤先生に，お礼を申し上げる．

2017 年 3 月

高橋　隆
佐藤宇史

目 次

第1章 はじめに　1

第2章 角度分解光電子分光 (ARPES)　3

2.1 ARPES の原理　3
    2.1.1 外部光電効果　3
    2.1.2 光電子分光　4
    2.1.3 角度積分光電子分光　6
    2.1.4 角度分解光電子分光 (ARPES)　6
    2.1.5 スピン分解光電子分光　9

2.2 ARPES の実験装置　9
    2.2.1 装置全体の概要　9
    2.2.2 光源　11
    2.2.3 電子エネルギー分析器　12
    2.2.4 スピン検出器　12

第3章 高温超伝導体　17

3.1 高温超伝導体の発見　17
3.2 高温超伝導体の電子構造　21
3.3 高温超伝導発現機構　25
    3.3.1 超伝導ギャップ　25

          3.3.2　擬ギャップ 30

第4章　鉄系高温超伝導体　33

4.1　鉄を含む超伝導体の発見 33
4.2　鉄系高温超伝導体の電子構造 36
　　4.2.1　フェルミ面のトポロジー 36
　　4.2.2　反強磁性秩序状態 37
　　4.2.3　超伝導ギャップ 38
4.3　原子層高温超伝導体 41

第5章　グラフェン　47

5.1　グラフェンとは 47
5.2　グラフェンの作製法 48
5.3　グラフェンの電子状態 50
5.4　超伝導グラフェン 53
5.5　ポストグラフェン 56
　　5.5.1　シリセン 57
　　5.5.2　遷移金属ダイカルコゲナイド 57

第6章　トポロジカル絶縁体　61

6.1　トポロジカル絶縁体とは 61
6.2　スピンテクスチャ 65
6.3　トポロジカル量子相転移 67
6.4　ディラックコーン制御 69
　　6.4.1　ディラック電子の質量制御 69
　　6.4.2　ディラックキャリア制御 71
　　6.4.3　ディラックコーンの混成制御 74
　　6.4.4　ディラックコーンの実空間制御 77

6.5	様々なトポロジカル物質	80
	6.5.1	トポロジカル結晶絶縁体	80
	6.5.2	トポロジカル半金属の種類	83
	6.5.3	ディラック半金属	84
	6.5.4	ワイル半金属	85
	6.5.5	線ノード半金属	88

参考文献　　　　　　　　　　　　　　　　　89

索　引　　　　　　　　　　　　　　　　　　98

第1章 はじめに

　ARPES とは，Angle-Resolved PhotoEmission Spectroscopy の頭文字を取ったもので，アルペスまたはアーペスと読み，日本語では角度分解光電子分光という．物質に紫外線や X 線を照射して外部光電効果を起こさせ，物質外に取り出した光電子を調べることで，もといた物質の電子状態を知る光電子分光 (PES, PhotoEmission Spectroscopy) の中で最も洗練された実験法である．ARPES の最も強力な点は，物質中の電子のエネルギーと運動量の関係（**バンド分散**，または**バンド構造**）を，何の仮定もなく実験的に直接決定できるところにある．バンド構造は，物質の物理化学的性質の情報を余すところなく含んでおり，これまでは，測定された様々な物性（例えば電気伝導度や光吸収）の実験結果を理論計算されたバンド構造と比較することで，その物性発現の機構が議論されてきた．しかし ARPES は，この物性研究の正統的なプロセスを逆転させた．ARPES は実験的にバンド分散を決定できるのである．筆者がこの ARPES に興味を引かれ，その研究に入り込むことになった一番の動機は，何と言ってもその単純さと直接性にある．「物質の性質を決定している電子そのものを，物質内部から外に引き出して，あたかも自分の手の上に置いて直接見る」ことができる実験手段であるという点に大きな魅力を感じた．

　しかし，この一見強力な ARPES にもいくつかの弱点があった．1 つはエネルギー分解能の低さ，もう 1 つは電子の持つ 3 つの基本的物理量（エネルギー，運動量，スピン）のうちの，物質の磁性に関係する電子スピン測定の困難である．しかし，エネルギー分解能に関しては，1980 年の中頃までは 300 meV 程度であったものが，高温超伝導体の発見と研究競争の中で急速に上昇し，現在では 100 μeV 以下にまで達している．30 年間で 3 桁以上の向上という驚くべき発展を達成した．このエネルギー分解能の飛躍的向上により，物質のフェルミ準位近傍の非常に微細な電子構造（例えば，超伝導体の**超伝導ギャップ**やそ

の異方性，様々な**素励起**の衣を着た**準粒子**など）の直接観測が可能となっている．一方，もう1つの困難であったスピン測定の効率の低さは，近年の高効率で小型の**スピン検出器**の開発により，大きく改善されつつある．この高効率小型スピン検出器開発の成果は，トポロジカル絶縁体のスピンテクスチャの観測において大きな威力を発揮している．このように，現在のARPESは，非常に高い分解能で，スピンにまで分解した電子構造を実験的に直接決定できる能力を持つに至っている．

　本書では，第2章で高分解能スピン分解ARPESの原理と測定法を簡単に説明し，その後，それを用いた様々な新奇物質（第3章：銅酸化物高温超伝導体，第4章：鉄系高温超伝導体，第5章：グラフェン，第6章：トポロジカル絶縁体）の電子構造と物性発現機構の研究について，具体的な測定例を示しながら詳しく解説する．

第2章 角度分解光電子分光 (ARPES)

2.1 ARPES の原理

2.1.1 外部光電効果

物質（原子，分子，固体）に，真空紫外線（エネルギーで 10 eV[1]）程度）から軟 X 線（約 1 keV）の光を照射すると，物質中に束縛されていた電子は光からエネルギーを得て励起状態に上がり，物質の外に放出される（図 2.1）．この現象は，外部光電効果 (external photoelectric effect) と呼ばれ，ヘルツの実験により実験的に初めて明らかにされた [1]．その後，この現象はアインシュタインにより，光はエネルギーを持った質量ゼロの粒子であるとする**光量子仮説**により理論的に説明された [2]．

外部光電効果により物質外に放出された電子（光電子と呼ぶ）は，もともとは物質の中にいたわけで，この外部に放出された光電子の物理量（エネルギーなど）

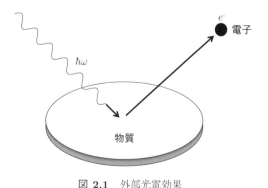

図 2.1 外部光電効果．

---

[1] 1 eV とは，1 個の電子を 1 ボルトの電位差で加速したとき，電子が得る運動エネルギー．

を測定し，物理量の保存則（エネルギー保存則）を利用して，物質内での電子が持っていたエネルギーを知ることができる．つまり，光電子の運動エネルギーを測定すれば，光電子が物質内で持っていたエネルギーの分布，すなわち物質の電子状態を決定することが可能となる．これが，光電子分光 (PhotoEmission Spectroscopy, PES) である．光電子分光は，物質中の電子が持つエネルギー固有値 (E_n) そのものを直接決定することができるため，「光電子分光は，物質中の電子の振る舞いを記述するシュレディンガー方程式を実験的に解く実験手法である」とも言うことができる．以下では，この光電子分光について要点を絞って説明する．より詳しく勉強したい諸君には，以下の教科書や文献を勧める [3–7]．

2.1.2 光電子分光

物質内で電子の持っていたエネルギーを E_B とする（図 2.2）．E_B は，物質のフェルミ準位（物質内で電子の占めている一番高いエネルギー準位．E_F と書く）から測ったエネルギーである．結合エネルギー (binding energy, E_B) と呼ばれ，正の値をとる．物質外に放出された光電子の運動エネルギーを E_k とすると，光電子の励起過程と放出過程の両方においてエネルギー保存則を適用し

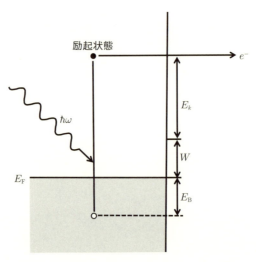

図 **2.2** 光電子分光におけるエネルギー保存則．

て，以下の式が得られる（図 2.2）．

$$\hbar\omega = E_k + W + E_B \qquad (2.1)$$

ここで，$\hbar\omega$ は入射した光（光子）のエネルギー，W は物質の仕事関数である．仕事関数は，1個の電子が物質から無限遠にあるときのポテンシャルエネルギー，または，電子を物質から無限遠の遠方まで移送したときの仕事（エネルギー）と定義され，物質によりそれぞれ異なる値を持つ．実験的には，おおむね 3〜5 eV の値が得られている．式 (2.1) からわかるように，入射した光のエネルギー ($\hbar\omega$) は既知であるから，物質外に放出された光電子のエネルギー (E_k) を測定すると，仕事関数 (W) がわかれば，電子が物質内部にいたときのエネルギー（物質の電子状態）がわかることになる．仕事関数の値は様々な方法で測定できるが，最も簡単には，光電子分光それ自身からも決定できる[2)]．

図 2.3 に，ヘリウム放電管からの真空紫外線（He I 共鳴線，21.2 eV）で測定した金 (Au) の光電子スペクトルを示す．横軸のエネルギーはフェルミ準位 (E_F) からのエネルギー（結合エネルギー）で示している．フェルミ準位近傍に金の

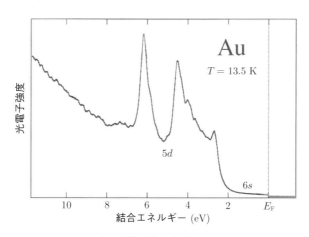

図 2.3　金の価電子帯の光電子スペクトル．

[2)] 具体的には次のように行う．光電子分光スペクトル測定時に，試料自身（金属）に，−10 V 程度のバイアス電位を印加して，光電子スペクトルを測定する．励起光のエネルギー ($\hbar\omega$) からスペクトルのエネルギー全幅（フェルミ準位から運動エネルギーゼロのカットオフまでのエネルギー幅）を差し引いたものが W となる（図 2.2 参照）．試料が金属でない場合は，測定試料と電気的接触させた金属試料でフェルミ準位の位置を決定し，エネルギー全幅を決定する．

最外殻電子である $6s$ 軌道の電子が観測される．また，3〜7 eV には，スピン軌道相互作用により大きく 2 本に分裂した $5d$ 電子が見える．このように，光電子分光は，物質中の電子の軌道とそのエネルギー準位，つまり物質の電子状態を，あたかも見てきたかのように直接実験的に観測する強力な実験手段である．

2.1.3　角度積分光電子分光

図 2.3 において，試料は真空蒸着法により作製した多結晶薄膜である．光電子は薄膜表面から真空中のあらゆる方向（立体角 2π）に放出されるが，測定ではそれらを大きな立体角で集め，そのエネルギー分析を行っている．このように，測定試料に多結晶を用いた場合や，単結晶を用いた場合でも光電子を大きな立体角で集めて測定する場合を，**角度積分光電子分光**（または角度積分型光電子分光）と呼ぶ．この場合，測定した光電子スペクトルは，物質内の電子のエネルギー分布，つまり**電子状態密度**分布を表している．

2.1.4　角度分解光電子分光 (ARPES)

角度分解光電子分光 (Angle-Resolved PhotoEmission Spectroscopy, ARPES) においては，外部光電効果によって試料の結晶表面から放出された光電子のエネルギーに加え，光電子が放出された方向も測定する．放出方向は，結晶表面法線からの角度（θ: polar angle）と結晶表面内の角度（ϕ: azimuthal angle）で指定される（図 2.4）．

光で励起状態に上がった光電子は，図 2.5 に示すように，表面のポテンシャルで屈折を受けて真空中に放出される．光電子の真空中での運動エネルギーを E_k，運動量を $p = \hbar K$ とすると，$E_k = p^2/2m$ であるから，$\hbar K = \sqrt{2mE_k}$ となる．運動量を結晶表面に平行な成分（$\hbar K_\parallel$）と垂直成分（$\hbar K_\perp$）に分解すると，それぞれ，運動エネルギーと放出角度（θ）との関係は以下のようになる．

$$\hbar K_\parallel = \sqrt{2mE_k}\sin\theta \qquad (2.2)$$

$$\hbar K_\perp = \sqrt{2mE_k}\cos\theta \qquad (2.3)$$

ここで注意しなければならないことは，図 2.5 に示したように，光電子は結晶表面から脱出する際に表面ポテンシャルにより屈折を受けるので，エネルギーは保存しても運動量は保存しない．式 (2.2) および式 (2.3) で求められる運動量

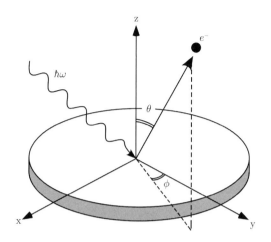

図 2.4 角度分解光電子分光では光電子の放出角度も測定する．

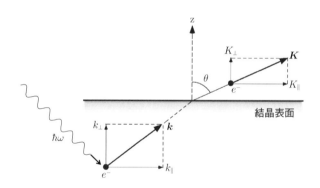

図 2.5 光電子は結晶表面では表面ポテンシャルにより屈折を受けるが，結晶表面に平行な運動量は保存する．

は，結晶外に放出された光電子の運動量であり，固体内での電子の運動量と同じではない可能性がある．しかし，図 2.5 からわかるように，結晶表面に平行な方向には並進対称性が存在するため，表面平行方向では運動量は保存する．つまり，

$$\hbar k_\| = \hbar K_\| = \sqrt{2mE_k}\sin\theta \tag{2.4}$$

となり，真空中の光電子の運動エネルギー (E_k) と固体中の電子の運動量 ($\hbar k_\|$) の関係を実験的に決定することができることになる．結晶表面に垂直な方向の

運動量は保存しないので，$\hbar k_\parallel \neq \hbar K_\parallel$ であるが，光によって励起された固体中の電子が自由電子的なエネルギー状態にあると仮定すると（図 2.6），エネルギー保存の関係を用いて以下の式が得られる．

$$\hbar k_\perp = \sqrt{2m(E_k \cos^2\theta + V_0)} \qquad (2.5)$$

ここで，V_0 は内部ポテンシャル (inner potential) と呼ばれ，真空準位と固体内の自由電子エネルギー分散の底とのエネルギー差である（図 2.6）．

式 (2.1) のエネルギー保存の式を思い出すと，式 (2.4)，(2.5) を用いることにより，真空中に放出された光電子のエネルギー (E_k) と角度 (θ) を測定することで，結晶中の電子のエネルギー (E_B) と運動量 ($\hbar k_\parallel$ および $\hbar k_\perp$) の関係，つまりバンド構造を実験的に描き出すことができる．これが，角度分解光電子分光 (ARPES) であり，結晶の電子バンド分散を実験的に直接決定できる唯一の強力な実験手段である．

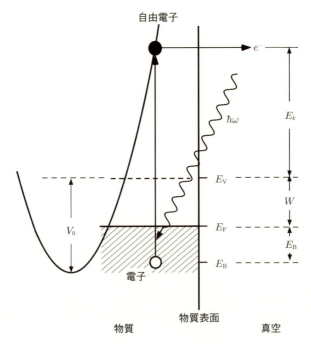

図 2.6　光電子分光におけるエネルギーダイアグラム．

2.1.5 スピン分解光電子分光

電子は，エネルギーと運動量に加え，物質の磁気的性質を支配している**スピン**[3]という基本的な物理量を持っている．物質の磁気的な性質を理解するうえでは，物質の電子バンド構造（エネルギーと運動量の関係）がどのようなスピン状態を持っているかを明らかにすることが不可欠となる．ところが，ARPESでは電子バンド構造は決定できるものの，そのスピン状態を決定することに大きな困難があり，光電子分光のスピン分解測定が立ち後れている状況が続いていた．しかし最近になって，高効率で安定な電子スピン検出器（**ミニモット検出器**や **VLEED 検出器**）が次々と開発され，スピン分解光電子分光が大きく進んでいる．スピン検出器の詳細については，この後の，2.2.4 項で詳しく説明する．

2.2 ARPES の実験装置

2.2.1 装置全体の概要

図 2.7, 2.8 に，筆者らが東北大学に建設した超高分解能スピン分解 ARPES 装置の写真と模式図を示す．装置は以下に示すいくつかの主要部分から構成されている．

(1) 放電管と分光器からなる光源部
(2) 測定を行う際に試料を配置する測定真空槽
(3) 光電子のエネルギーと放出角度を測定する半球型電子エネルギーアナライザーと電子レンズシステム
(4) 光電子のスピンを測定するミニモット検出器（あるいは VLEED 検出器）
(5) 測定試料の作製や，その清浄表面を作製・観察を行う試料準備槽と薄膜作製槽

実際の ARPES 測定は以下のように行う．

(i) 試料準備槽で単結晶を超高真空下で劈開して，清浄単結晶表面を作製す

---

[3] 電子の自転による磁気モーメントと考えてもよい．$+1/2$（上向きスピン）と $-1/2$（下向きスピン）の 2 つの値をとる．

10　第 2 章　角度分解光電子分光 (ARPES)

図 2.7　超高分解能スピン分解 ARPES 装置の写真.

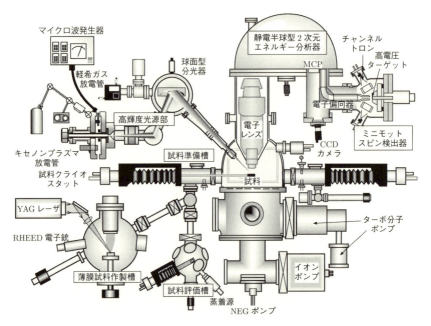

図 2.8　超高分解能スピン分解 ARPES 装置の模式図（口絵 1 参照）.

る．単結晶薄膜を試料作製槽で MBE (Molecular Beam Epitaxy) 法を用いて作製することもある．得られた単結晶表面が高品質なものであることを，LEED (Low Energy Electron Diffraction) や RHEED (Reflection High Energy Electron Diffraction) を用いて確認する．
(ii) 作製した試料を大気にさらすことなく，測定真空槽に移送する．クライオスタットを用いて試料の温度を測定温度に設定する．清浄試料表面を保持するために，測定真空槽内の真空度は通常 10^{-11} Torr[4] 程度に保つ．
(iii) 放電管からの真空紫外光を分光器で単色化して試料に照射する．
(iv) 試料から放出された光電子を，電子レンズシステムを用いて減速・加速して半球型電子エネルギーアナライザーに導入する．このアナライザーを用いて，光電子のエネルギーと放出角度を測定する．
(v) 半球型アナライザーでエネルギー分析された電子の一部をスピン検出器（図 2.8 ではモット検出器）に導入してスピン解析を行う．

上記の装置を構成する主要部分の (1) 光源部，(2) 半球型電子エネルギーアナライザー，および (3) スピン検出器について，以下で説明する．

2.2.2 光源

ARPES で用いられる光源としては，大きく分けて，放電管，放射光，レーザーの 3 つがある．

放電管は，真空放電中にヘリウムなどの希ガスを流入させて，電子と希ガス原子との衝突を起こさせて希ガス原子を励起状態に上げ，それが緩和する際の発光を利用するものである．コンパクトな実験室光源として広く使われているが，励起光強度が弱いという問題があった．最近，放電部分に磁場を印加し，さらにマイクロ波を導入して電子のサイクロトロン運動を誘起して，電子と希ガスとの衝突確率を 2 桁以上増加させた高輝度な**プラズマ放電管**が開発された（図 2.9 にキセノン放電管の例を示す [8]）．

高速に加速された電子から放出される**放射光**はエネルギーに広がりを持つ連続光であり，分光器を用いて単色化することで，励起光のエネルギー可変の ARPES 測定が可能となる．また最近では，エネルギーは低い (< 10 eV) ものの，非常に高い光子密度を持つ様々なタイプのレーザーも用いられ始め，微小

---
[4] Torr は mmHg と同じ単位で，1 気圧は 760 Torr．

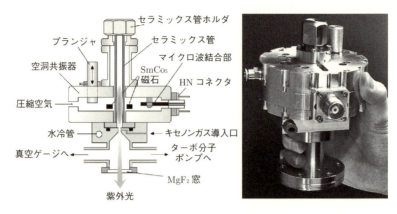

図 2.9　キセノンプラズマ放電管.

試料の高分解能測定に活用されている.

2.2.3　電子エネルギー分析器

現在最も広く使われている電子エネルギー分析器（アナライザー）は，図 2.10 に示すような**静電半球型アナライザー**である．これは，お椀を 2 つ重ねたような形をしており，この 2 つの"お椀"のそれぞれ（内球，外球と呼ぶ）に，プラスとマイナス電位を印加した状態で，内球と外球の間を，試料から放出された光電子を通過させる．図からわかるように，試料から放出された光電子は，そのエネルギーと放出角度によって，アナライザーの出口に置かれた 2 次元電子検出器（マルチチャンネルプレート；MCP）の，それぞれ異なる位置に衝突する．電子の衝突位置を CCD カメラで検出することで，光電子のエネルギーと放出角度を決定できる．この 2 次元検出法の開発によって，ARPES は飛躍的な性能向上を達成した．

2.2.4　スピン検出器

現在使われているスピン検出器には，モット検出器と VLEED (Very Low Energy Electron Diffraction) 検出器の 2 種類がある．

まず，モット検出器について説明する [9]．モット検出器は，重い原子に対する電子散乱の際のスピン軌道相互作用（**モット散乱**）を利用するものである．図 2.11 に示すように，重原子に高速の電子を入射すると，スピン軌道相互作用

2.2 ARPES の実験装置

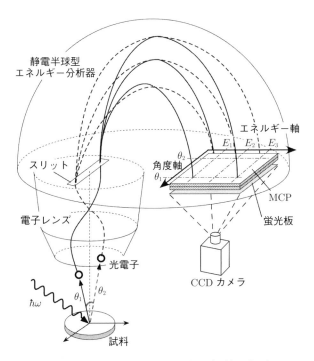

図 2.10 静電半球型アナライザー（口絵 2 参照）.

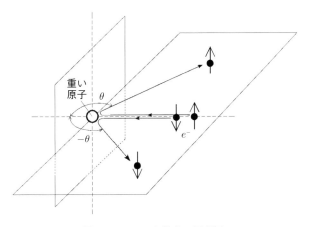

図 2.11 モット散乱の原理図.

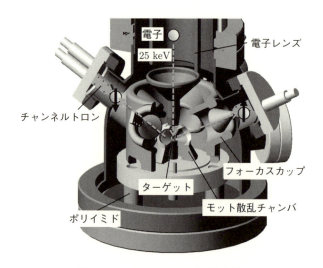

図 2.12　ミニモットスピン検出器.

のため，そのスピンの向きにより散乱される方向に差が生ずる．このわずかな散乱方向の違いを検出して入射電子のスピンの方向を決定するものである．もともとは原子核実験で，100 keV 程度のエネルギーを持つ入射電子を用いて実験が行われていたものであるが，かなり大がかりな装置（大きさが数メートル程度）で，光電子分光装置に接続するには困難があった．しかし最近になって，低速 (20〜30 keV) で小型（30 cm 程度）の検出器（ミニモット検出器）が開発され（図 2.12），光電子分光装置に容易に接続できるようになった．このモット検出器は，効率の点からは後述の VLEED 検出器に比べ低いが，比較的安定で，またスピン偏極率の絶対値が測定できるという利点がある．

　VLEED 検出器は，鉄などの強磁性薄膜ターゲットに超低速電子を入射して，反射（[000] 回折）された電子の強度を測定する．ターゲットの磁化方向が入射スピンの方向に対して平行または反平行の場合で，電子の反射率が異なることを利用してスピン偏極率を決定する（図 2.13）．反射率が入射電子のスピン方向によって異なるのは，強磁性薄膜中の交換分裂により非占有状態密度がアップスピンとダウンスピンで異なっているためである．VLEED 検出器は，スピンの検出効率がモット検出器に比べて高いというメリットがあるが，鉄薄膜の表面が超高真空下においても容易に変質してしまうため，高い検出効率を長時間保持するのが難しいという問題があった．しかし最近になって，鉄薄膜の表面

を酸素で被膜することでターゲットの寿命を延ばす方法が見出され，長時間の安定した使用も可能になっている．

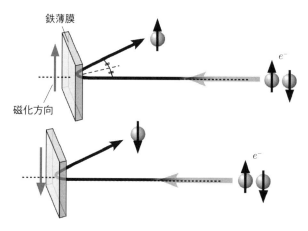

図 2.13　VLEED 法の原理図．

第3章 高温超伝導体

3.1 高温超伝導体の発見

　超伝導は，物性物理学における最も魅力的な研究対象の1つである．1 cm^3 中にアボガドロ数（～10^{23} 個）もの電子や原子核が存在する物質中を，何の抵抗もなく電子が流れる（移動する）という想像を絶した現象である．この現象の理解にはミクロな世界を記述する量子力学が必要であり，その量子力学的現象が我々の日常世界にそのまま姿を現したものが超伝導である．

　超伝導は，1911年，オランダのライデン大学のカマリン・オネス (Kamerlingh Onnes) により，水銀 (Hg) において発見された（図 3.1）[10]．"超伝導" というネーミングは彼によりなされた．カマリン・オネスは，世界に先駆けてヘリウムの液化に成功し（図 3.2），その冷凍機を用いて様々な金属の電気抵抗の温度

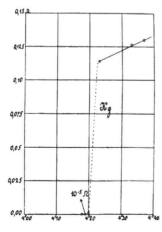

Kamerlingh Onnes

図 3.1　低温における Hg の電気抵抗 [10] とカマリン・オネス．

第 3 章 高温超伝導体

図 3.2 カマリン・オネス（左）とヘリウム液化機.

依存性を調べている最中に水銀において超伝導を発見した．水銀が電気抵抗ゼロを示す温度（超伝導転移温度，T_c）は，ヘリウムの液化温度付近の絶対温度 4.2 K であった．

4.2 K とは，摂氏で言うと約マイナス 269°C であり，我々の住む日常世界の温度（室温，プラス 20°C 程度）からははるかに隔たった"極低温"である．水銀における超伝導の発見後，様々な物質の電気抵抗が調べられ，単体金属の鉛 (7.2 K)，ニオブ (9.3 K) で水銀より高い超伝導転移温度が見出された．さらに物質の探索は化合物にも広げられ，1980 年代中頃には，$T_c = 23.2$ K を持つ Nb_3Ge が見出された（図 3.3）．このように，着実に T_c の上昇は達成されていたが，超伝導の発見から約 70 年を経て 19 K の上昇（水銀 4.2 K → Nb_3Ge 23.2 K）は，我々の住む室温までには相当に長い道のり（単純計算では約 1,000 年）が必要であることを示していた．

この間，超伝導機構の理論的解明も着実に進み，1957 年には超伝導現象を良く説明する **BCS 理論**が提唱された [11]．BCS とは，提案者の名前（Bardeen, Cooper, Schrieffer）の頭文字を取って名付けられたものである（図 3.4）．BCS

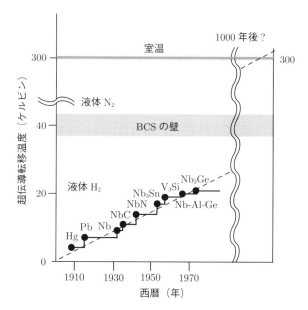

図 **3.3** 超伝導転移温度の変遷.

図 **3.4** BCS 理論の提唱者である Bardeen, Cooper, Schrieffer.

理論は,「超伝導状態では2個の電子が結晶格子の振動(フォノン)の力を利用して対(ペア)を作り,物質中を抵抗なく移動する」と説明する(図3.5). BCS理論は,超伝導の様々な現象を良く説明することから,多くの研究者に受け入れられたが,その一方で,超伝導研究の将来に悲観的な予測も行っていた. BCS理論では,2個の電子を結合させる"力"としてフォノンを仮定しており,フォノンのエネルギーが大きいほど T_c が高くなる.しかし,格子の振動が大きすぎ

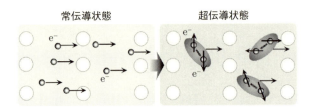

図 **3.5** クーパー対のイメージ図.

れば結晶が壊れてしまうため，そのエネルギーに限界があり，その結果 T_c には上限が存在し，それが 40〜50 K であると予言していた（図 3.3）．これを **BCS の壁** と呼び，超伝導研究および超伝導そのものの未来に大きな陰を落としていた．この"壁"を見事に打ち破ったものが，1986 年に発見された高温超伝導体である．

1986 年に，スイスの IBM 研究所のベドノルツ（Bednorz）とミューラー（Müller）は，銅の酸化物である $La_{2-x}Ba_xCuO_4$ が，$T_c = 35$ K の超伝導を示す可能性を報告した [12]．彼らによると，発表当初はさほど大きな注目を集めず，むしろ懐疑的な見方が多かったと言うことである．その理由は明らかで，一般には電流を流さない絶縁体である酸化物が金属的性質を示し，さらにそれが低温で超伝導を示すことに大きな疑問が提起されたためである．ところが，試料中の Ba を同族の Sr で置き換えた $La_{2-x}Sr_xCuO_4$ において，さらに高い T_c を示す超伝導が見つかった．筆者がこの"高温超伝導体発見"のニュースを聞いたのは，仙台（東北大学）から遠く離れた共同利用実験施設での立ち話の中であった．この話を聞いてすぐに，これは物性物理学としては 100 年に一度あるかないかの出来事と直感し，共同利用実験を中断してすぐに仙台に戻り，研究室全員を集めて「これまでの研究は止める．これから研究室全員で高温超伝導体の研究を進める」と宣言した．事実，この発見はすぐに世界中の研究者を巻き込んだ **"超伝導フィーバー"** へと大きく発展した．物性物理学者のみならず，素粒子理論研究者までもが，粉末試料を調合していたというのは有名な話である．その後 T_c は急速に上昇し，現在では BCS の壁をはるかに超えた $T_c = 135$ K（常圧下の条件）にまで達している．

以下に，銅酸化物高温超伝導体（以下，本章では高温超伝導体と呼ぶ）の電子構造とその発現機構を，高分解能 ARPES で研究した結果について説明する．

3.2 高温超伝導体の電子構造

図 3.6 に，ベドノルツとミューラーによって発見された高温超伝導体 $La_{2-x}Ba_xCuO_4$ の母物質である La_2CuO_4 の結晶構造を示す．超伝導は，結晶中の La を一部 ($x = 0.05 \sim 0.25$)，最外殻軌道に電子が 1 個少ない Ba や Sr で置き換えることで発現する．また，超伝導を担っているのは結晶中の CuO_2 面であると考えられている．事実，数多くの銅酸化物高温超伝導体が発見されたが，すべての化合物は共通して **CuO_2 面** を持つことがわかっている．

ここではまず，この母物質 La_2CuO_4 の電子状態を考える．超伝導を担う CuO_2 面の Cu 原子は，その最外殻電子軌道に $3d^9$ の奇数個の電子を持つ．したがって，単純な 1 電子近似のバンド計算からは，CuO_2 面は金属的であることが期待される．しかし実験からは，この母物質は電流を流さない絶縁体であることがわかっている．これは，Cu $3d$ 電子の持つ強いクーロン反発力（**電子相関**）のため，Cu $3d$ 電子の局在化が起こり，絶縁体化しているものと考えられる．このような絶縁体を，**モット–ハバード（Mott-Hubbard）絶縁体** と呼ぶ（図 3.7）．このとき，分裂により形成された 2 つのバンドのうち，電子の詰まってい

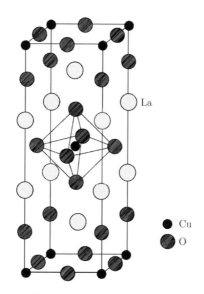

図 **3.6** La_2CuO_4 の結晶構造．

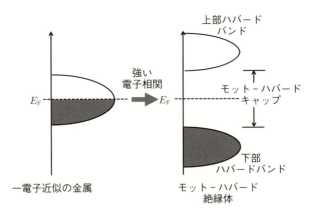

図 3.7　金属とモットハバード絶縁体の違い.

る下のバンドを下部ハバードバンド,電子の詰まっていない上のバンドを上部ハバードバンドと呼び,その間にできたエネルギーギャップを**モット–ハバードギャップ**と呼ぶ.超伝導は,このモット–ハバード絶縁体に余分な電荷(電子,または電子の抜けた孔(ホール))を注入することで発現する.

それでは,モット–ハバード絶縁体である母物質に電荷(今はホールの場合を考える)を注入するとどのようなことが起きるであろうか.高温超伝導体発見の初期段階においては,その異常に高い T_c を説明するため,様々な理論提案がなされた.その中には,高温超伝導体は普通の金属と異なり,フェルミ準位上に有限の電子状態密度を持たない(フェルミ面は存在しない)と主張する理論があり,その斬新さから多くの研究者の関心を集めた.高温超伝導体発見の初期段階では,この理論を支持する多くの実験結果が報告され,高温超伝導体はフェルミ面を持たない異常な超伝導体ということが確立するかに見えた.この状況を覆して,高温超伝導体が普通の金属同様に,フェルミ準位上に有限の電子状態密度を持つことを明確に示した実験が,ビスマス系高温超伝導体の単結晶を用いて行われた ARPES 実験である [13].図 3.8 に示すように,ビスマス系高温超伝導体単結晶に対して行われた高分解能 ARPES 実験のスペクトルには,フェルミ準位を横切る多くのバンドが観測され,高温超伝導体が普通の金属と同様にフェルミ面を持つことが明らかになった[1] [13,14].

---

[1] 研究の初期段階での間違いは,主に試料の質にその原因がある.発見当初の試料は焼結体(粉体に圧力を掛けて焼成して固形化したもの)であり,試料中には無数の結晶

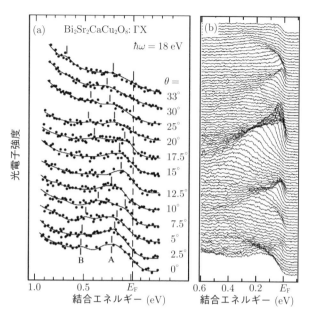

図 3.8 Bi 系高温超伝導体 $Bi_2Sr_2CaCu_2O_8$ における ΓX 方向の ARPES スペクトル. (a) は 1988 年, (b) は 2000 年に測定された.

高温超伝導体にフェルミ面が存在することが確立した次に解決すべき問題は, そのフェルミ面がどのような形 (トポロジー) を持つかである. これは超伝導発現機構を考えるうえでの出発点であり, 解決すべき重要な問題である. 高温超伝導体のフェルミ面の形状には, 2 つの可能性が考えられる. 1 つは, モット–ハバード絶縁体の電子構造を保持したままホールがドープされるとする考えである. この場合, ホールは下部ハバードバンドの上端に注入され, フェルミ準位 (E_F) 上に有限の電子状態密度を与え, 系は金属化する (図 3.9). ホールをドープしない母物質は金属でないためフェルミ面は存在しない (図 3.9(a)) が, ホールをドープするとブリルアンゾーンの $(\pi/2, \pi/2)$ の周辺に楕円形の小さなフェルミ面が出現する (図 3.9(b)). 一方, もし母物質が $3d^9$ の金属状態 (図 3.9(c)) であったとすると (実際は強い電子相関のため, そうはなっていない), ここにホールをドープすると, もともとの (π, π) を中心とした円形の大

粒界が存在し, 当然であるが, それらは目的の組成からずれ, また超伝導体ではない. 初期段階の多くの分光実験は, この絶縁体である粒界を観測して, フェルミ準位上に状態密度がないことを"立証"していたのである.

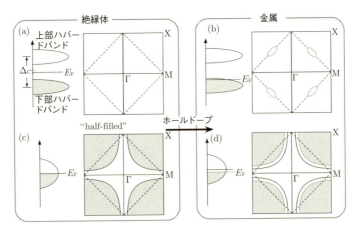

図 3.9 銅酸化物における小さなフェルミ面と大きなフェルミ面.

きなフェルミ面がわずかに小さくなることになる（図 3.9(d)）. このどちら（小さなフェルミ面 vs. 大きなフェルミ面）が実現しているかで, 高温超伝導発現機構を理解するうえでの出発点が大きく異なることになり, その選別が急務であった.

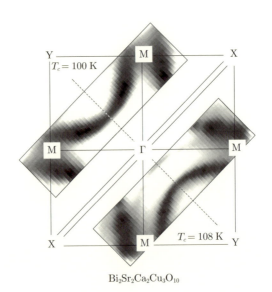

図 3.10 ビスマス系高温超伝導体 $Bi_2Sr_2Ca_2Cu_3O_{10}$ のフェルミ面.

図3.10に，高分解能ARPESから決定したビスマス系高温超伝導体のフェルミ面を示す．図から明らかなように，高温超伝導体は"大きなフェルミ面"を持っている．この発見は，高温超伝導体の電子状態と超伝導発現機構を考えるうえで非常に重要である．キャリアのドープされていない母物質は，Cu $3d$ 電子の強い電子相関のためバンド計算の予測と異なりモット–ハバード絶縁体となっているが，ひとたびキャリアがドープされるとモット–ハバード絶縁体の電子構造のフレームワークが崩れ，1電子近似のバンド計算から予測されるような大きなフェルミ面を持つ電子状態が復活していることになる．

3.3　高温超伝導発現機構

3.3.1　超伝導ギャップ

超伝導機構を探るうえで最も基本となる物理パラメータは，**超伝導ギャップ**である．これは，2個の電子がペアを作って超伝導化して安定化する際のエネルギーに対応し，フェルミ準位上のエネルギーギャップとして現れる（図3.11）．ギャップの形成は，常伝導状態で独立に動き回っていた電子が，超伝導状態では2個でペアを作りBCS状態へと変化するためである．この結果，超伝導状態では，常伝導状態でフェルミ準位上に存在していた状態密度がエネルギーの上下に分散してギャップを形成し，またフェルミ準位より少し離れたところに

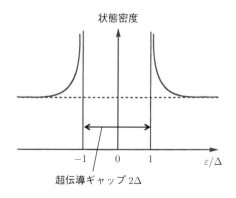

図 **3.11**　超伝導状態における状態密度．

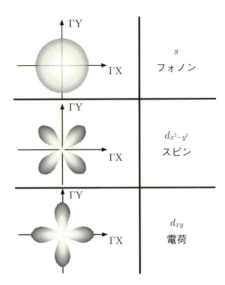

図 3.12 超伝導ギャップ対称性と超伝導駆動力の関係.

新しい状態密度のピーク(**超伝導ピーク**)が出現する.この超伝導ギャップは,その大きさに波数(運動量)依存性を持ち,これを**超伝導ギャップの対称性**という.この超伝導ギャップの対称性が,超伝導を引き起こす"力"(起源)に直接関係する.図 3.12 に示すように,超伝導ギャップの対称性が全対称(これを s 対称と呼び,超伝導ギャップの大きさに方向依存性がない)の場合は,2 個の電子を結合して超伝導を引き起こす力は結晶格子の振動(フォノン)の可能性が高い.一方,超伝導ギャップの大きさに方向依存性がある場合は,フォノン以外の可能性が出てくる.例えば,$d_{x^2-y^2}$ 対称性のように(図 3.12),ある方向(この場合,図中 ΓX と ΓY の中間方向)で最大の超伝導ギャップが開き,それと 45° 傾いた方向(ΓX または ΓY 方向)でギャップの大きさがゼロとなる場合は,超伝導の起源として電子の持つ磁気的性質であるスピンが関与していることが考えられる.さらに,$d_{x^2-y^2}$ 対称性と 45° 度傾いた d_{xy} 対称性の場合は,結晶中の電荷の集団運動であるプラズモンが超伝導を引き起こしていることが考えられる.このように,超伝導ギャップとその対称性は,超伝導の起源と機構を解明するうえで最も重要な物理パラメータである.以下に,高分解能 ARPES を用いて,高温超伝導体の超伝導ギャップとその対称性を決定した結果について説明する.

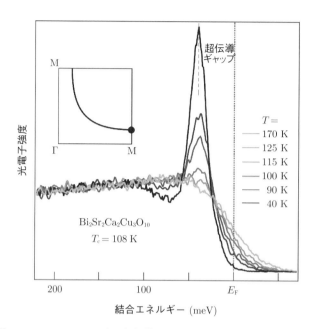

図 **3.13** Bi2223 における超伝導ギャップの温度変化 (口絵 3 参照).

図 3.13 に,ビスマス系高温超伝導体の 1 つである $Bi_2Sr_2Ca_2Cu_3O_{10}$ (Bi2223 と略称される) について,ブリルアンゾーンの M 点 (ΓX と ΓY の中間) で測定した ARPES スペクトルの温度依存性を示す [15]. Bi2223 の T_c は 108 K であり,これ以下の温度で超伝導が発現する.図からわかるように,110 K 以上の常伝導状態では,フェルミ準位近辺のスペクトルの立ち上がりの中点が,ほぼフェルミ準位上に位置していて,系が普通の金属であることを示している.しかし温度を下げて,100 K を過ぎて超伝導状態に入ると,45 meV 付近に鋭いピークが成長し始め,最低温の 40 K では非常に大きなピークに成長していることがわかる.図 3.11 の模式図と比べると,これが超伝導状態で現れる超伝導ピークであることがわかる.図からわかるように,ΓM 方向の超伝導ギャップは 45 meV 程度と非常に大きいことがわかる.

次に,この超伝導ギャップの方向(波数)依存性を測定した.ARPES は波数(運動量)に分解した電子状態を測定できることから,この点で大きな威力を発揮する.図 3.14(a) に,Bi2223 のフェルミ面上のいくつかの点で測定した超伝導状態における ARPES スペクトルを示す [16]. 測定点は,図 3.14(b) 中

28　第 3 章　高温超伝導体

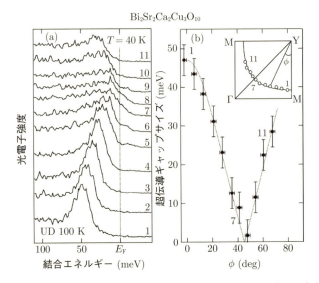

図 3.14　Bi2223 の (a) フェルミ波数で測定した ARPES スペクトルと (b) 超伝導ギャップのフェルミ面角度依存性.

の挿入図に示すように，YM 方向からの角度 ϕ（フェルミ面角度）で指定される 11 個の点で行った．ブリルアンゾーン M 点に近い点 1 では，約 45 meV の大きな超伝導ギャップが開いていることが観測される．フェルミ面角度を増加させると，ギャップの大きさは徐々に減少し，$\phi = 45°$ の点 8 付近では，ほとんど超伝導ギャップが開いていない．さらにフェルミ面角度を増加させると，超伝導ギャップは再び増加して，$\phi = 45°$ に対して対称的になっている．この実験結果は，Bi2223 の超伝導ギャップの対称性が $d_{x^2-y^2}$ であり，その超伝導の起源が電子の持つスピンであることを示している．

　上で述べた超伝導ギャップは，母相のモット絶縁体にホールをドープした場合の結果であったが，銅酸化物では母相に電子をドープした場合も超伝導が発現することが知られている．図 3.15 に示すように，電子相図は，電子ドープ型とホールドープ型で非対称な振る舞いを示す．例えば，ホールドープ型では 90 K 以上の転移温度が，ビスマス・イットリウム・タリウム系など複数の物質系で実現されているが，電子ドープ型の T_c は 40 K 以下と一概に低い．また，ホールドープ型の常伝導状態では，反強磁性秩序相に隣接した広いドーピング領域で擬ギャップと呼ばれる異常な金属状態が実現している．その一方で，電

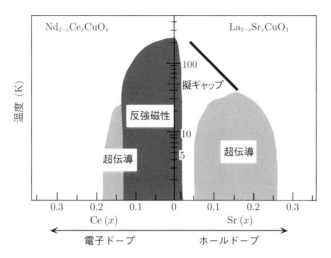

図 3.15 電子およびホールドープ型銅酸化物高温超伝導体の電子相図.

子ドープ型の反強磁性相はホール型に比べて広く，しかも超伝導相に隣接している．このような違いから，電子ドープ型の超伝導機構がホール型とは異なる可能性が度々指摘されてきた．

図 3.16 に，プラセオジウム系電子型高温超伝導体 ($Pr_{0.89}LaCe_{0.11}CuO_4$; PLCCO) における超伝導ギャップの波数依存性を ARPES によって決定した

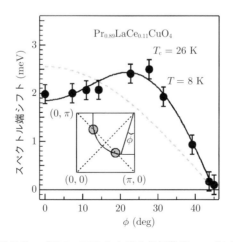

図 3.16 電子ドープ型 PLCCO における超伝導ギャップの波数依存性.

結果を示す．図から一目瞭然なように，超伝導ギャップの大きさはたかだか数 meV 程度であり，ホールドープ型に比べて一桁小さい．また，$\phi = 45°$ 付近で超伝導ギャップがゼロとなり，超伝導ギャップに節があることがわかる．さらに電子ドープ型では，超伝導ギャップが最大となるフェルミ面角度が $\phi = 0°$ から少しずれ，非単調な $d_{x^2-y^2}$ 対称性が実現している．超伝導ギャップが最大となる点は，母物質の反強磁性ブリルアンゾーンの境界とフェルミ面が交差する点（挿入図の丸枠領域）とよく一致していることがわかっている [17]．これらの結果は，電子ドープ型の超伝導の起源がホールドープ型と同様に電子のスピンに関係しており，銅酸化物において超伝導機構が電子側とホール側で同じとなる**電子 − ホール対称性**が成り立っていることを示している．

3.3.2　擬ギャップ

銅酸化物高温超伝導体発見後から 30 年を経た現在でも大きな問題になっているのが，**擬ギャップ**の起源である．擬ギャップは，電気抵抗率をはじめとして，ホール係数，核磁気緩和率，比熱など，あらゆる低エネルギー励起に関係した物性に影響を及ぼしている．1996 年には，角度分解光電子分光でも擬ギャップがはっきりと捉えられている．図 3.17 に示したように [18,19]，超伝導ギャップが大きく開く波数（d のブリルアンゾーンの a, b 点）において ARPES スペクトルの温度変化をとると，T_c より高い温度においても有限のエネルギーギャップが開いているように見える．これは，ちょうど T_c において完全に超伝導ギャップが閉じる BCS 理論の予測に反している．この結果が報告された当時は，擬ギャップが超伝導ギャップに連続的につながっているように見えることから，超伝導の前駆現象ではないか，すなわちコヒーレンスを持っていない電子対が常伝導状態においても局所的に形成されているのではないか，と解釈された．これが正しければ，何らかの方法でコヒーレンスを阻害する要因を除去できれば，T_c の更なる向上が期待される．

一方，今日までの研究の蓄積により，擬ギャップが超伝導ギャップと別のエネルギースケールを持つという報告もされている．例えば，図 3.18 に示した，T_c がやや低い ($T_c \sim 21$ K) 単層ビスマス系高温超伝導体 (Bi2201) では，$d_{x^2-y^2}$ 型の超伝導ギャップの他に，$(\pi, 0)$ 点近傍において超伝導ギャップよりも少し大きなエネルギースケールを持つ別のギャップが観測されている [20]．この場合の擬ギャップの起源としては，超伝導と競合する何らかの秩序（電荷秩序，ス

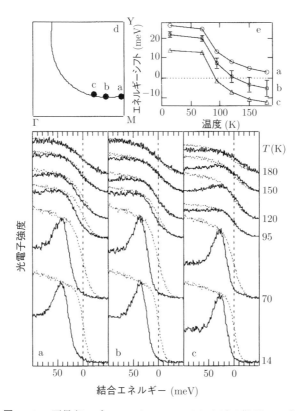

図 **3.17** 不足ドープ Bi2212($T_c = 85$ K) における擬ギャップ.

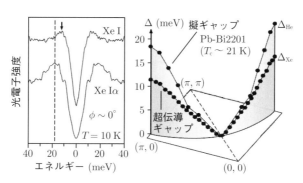

図 **3.18** Bi2201($T_c \sim 21$ K) における擬ギャップ.

ピン秩序など）の可能性が考えられる．このように，擬ギャップは1つなのか複数なのか，あるいは擬ギャップの起源は何なのか，という根本的な問題が今なお未解決である．熱輸送・磁気特性，分光実験などのあらゆる実験結果を総合的に判断して，その解釈を確定することが今後の課題である．

第4章 鉄系高温超伝導体

4.1 鉄を含む超伝導体の発見

1986年に銅酸化物高温超伝導体が発見され，瞬く間に超伝導転移温度 (T_c) は上昇したが，1994年に水銀を含む試料で $T_c = 164$ K（圧力下）を記録し [21]，その後 T_c が 2 K 上昇 [22] してからは T_c の更新はない．その間，銅酸化物に続く第二の高温超伝導物質を発見しようとする試みが世界的に行われた．その一例が，2001年に青山学院大学の秋光らによって発見された**2ホウ化マグネシウム** (MgB_2) である [23]．この物質の T_c は 39 K であり，銅酸化物には及ばないものの，金属間化合物の中では最高である．MgB_2 の超伝導機構について様々な議論がされてきたが，今日ではフォノンを媒介とする従来型 BCS 理論の枠組みで説明できると考えられている．これには，ARPES による超伝導ギャップの観測が決め手となった [24, 25]．

銅酸化物に続く新しい高温超伝導体として大きな注目を集めているのが，鉄を含む超伝導体 **"鉄系超伝導体"** である．この超伝導体は，2006年に東京工業大学の細野らによって $LaFePO_{1-x}F_x$ という物質で最初に報告された [26] が，その T_c (6 K) はそれほど高くはなかった．しかし2008年には，同じグループから，P を As に置換した物質 $LaFeAsO_{1-x}F_x$ で T_c が 32 K（高圧下では 43 K）に上昇することが報告された [27]（図 4.1）．超伝導と相性が悪いと考えられてきた磁性元素である鉄が直接高温超伝導の発現に寄与するというこれまでの常識を覆すこの発見を契機にして，鉄系超伝導体の研究が世界中で爆発的に進み，銅酸化物に続く高温超伝導フィーバーが再来した．細野らの報告から数ヵ月後には，La を他の希土類に置換したり，酸素欠損を結晶に導入したりすること [28-30] によって，T_c は瞬く間に 50 K を超え，最近では鉄セレン (FeSe) 原子層薄膜で 60 K を超える T_c が報告されている [31]．

第 4 章 鉄系高温超伝導体

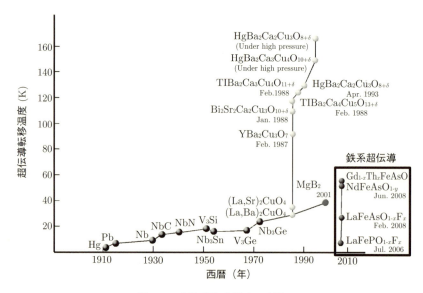

図 **4.1** 超伝導転移温度の変遷.

発見から 10 年を経ても,鉄系物質が超伝導研究の主要なプラットフォームであり続けているのには,いくつかの理由がある.最も重要な要素の 1 つは,そのバラエティーに富んだ結晶構造である.図 4.2 のように,LaFeAsO は各元素が 1:1:1:1 の割合で結晶内に存在することから,通称 "1111 系" と呼ばれ,電気伝導を担う FeAs 2 次元面と,電荷を供給する LaO のブロック層が交互に積層した結晶構造を持つ.他にも,$BaFe_2As_2$ を代表とする "122 系",NaFeAs のような "111 系",さらには,As の代わりに Se を用いた,鉄系超伝導体のなかで

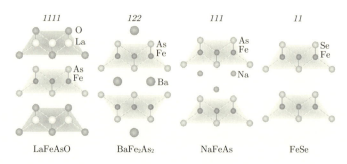

図 **4.2** 代表的な鉄系超伝導体の結晶構造.

最も単純な結晶構造を持つ"11系"（FeSe）などが存在する．これら以外にも，ブロック層にペロブスカイトを含むような物質なども見つかっているが，いずれの場合も，単位格子内に FeAs あるいは FeSe 面を持つ結晶構造が基本ユニットとなっていることが共通している．銅酸化物ではブロック層の種類やユニットセルに含まれる伝導面（CuO_2 面）の数を変えることで T_c が劇的に変化することを考えると，鉄系超伝導体でも新しい結晶構造を持つ物質を探索する意義は大きい．

結晶構造の多様性に加えて，鉄系超伝導体のもう1つの魅力はその**電子相図**にある．典型例として，122 系の相図を図 4.3 に示す [32]．ノンドープの母物質 $BaFe_2As_2$ は低温で反強磁性秩序 [33] 状態（collinear 型と呼ばれる）に転移する．銅酸化物の母物質がモット-ハバード絶縁体であるのに対して，$BaFe_2As_2$ の母物質は**半金属**である．ここで，電子あるいはホール（正孔）を母物質にドープすると反強磁性秩序の転移温度 (T_N) が低下し，秩序が壊れるあたりで超伝導が発現する[1]．なお，鉄系超伝導体のキャリアドープには元素置換を用いるのが一般的である．例えば，+2 価の Ba の一部を +1 価の K で置換することでホールを，また +2 価の Fe の一部を +3 価の Co で置換することで電子をドープすることができる．122 系では，キャリアドーピングだけでなく，結晶中の As を同族の P で置換したり，圧力を印加したりすることによっても 30 K を超える高い T_c が実現することから，母相の磁気秩序やキャリアドーピングと超伝

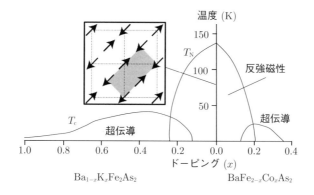

図 4.3 $BaFe_2As_2$ 系における電子相図．反強磁性相の磁気構造もあわせて示す．

---

[1] 電子相図には物質依存性が見られる．例えば 111 系 LiFeAs や 11 系 FeSe の母相は磁気秩序を示さず超伝導になる．

導機構との関連が盛んに議論されている.

4.2 鉄系高温超伝導体の電子構造

4.2.1 フェルミ面のトポロジー

鉄系超伝導の舞台は FeAs(あるいは FeSe)2 次元面であるので,バルク物質自体の電子構造も 2 次元性が高い.図 4.4(a) に,LaFeAsO 母物質の第一原理バンド計算 [34] から得られた常磁性相におけるフェルミ面を示す.フェルミ面は,ブリルアンゾーンの Γ 点および Z 点を中心とした複数のホール面と,ゾーンの端の M 点を中心とした 2 枚の円柱状の電子面からなる.すべてのフェルミ面が鉄の $3d$ 軌道に由来している.この物質が電子とホールキャリアが補償(同数存在)した半金属であることを反映して,電子面とホール面の体積が一致しており(一般にフェルミ面の体積はキャリア数に比例する),この振る舞いは多くの鉄系超伝導体で共通している.例えば,$BaFe_2As_2$ の ARPES 実験においても,バンド計算を再現するフェルミ面のトポロジーが観測されている(図 4.4(b)).先に述べた通り,銅酸化物はフェルミ面および電気伝導に単一の d 軌道 ($d_{x^2-y^2}$ 軌道) のみが関与するが,多くの鉄系超伝導体では,複数の $3d$ 軌道 ($d_{xy}, d_{yz}, d_{zx}, d_{x^2-y^2}, d_{3z^2-r^2}$) が同時にフェルミ面と電気伝導に関与することがわかっている.超伝導のモデルを構築する際にも,鉄の**多軌道効果**をどう扱うかが重要なテーマとなっている.

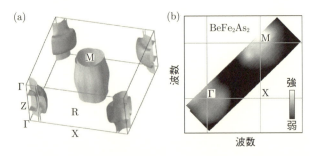

図 4.4 (a) バンド計算から得られた LaFeAsO のフェルミ面 [34].(b)ARPES で決定した $BaFe_2As_2$ における常伝導状態のフェルミ面.

4.2.2 反強磁性秩序状態

鉄系超伝導体の母物質における反強磁性秩序状態では，電子状態が劇的な変調を受けることが知られている．その中でも特に注目されているのが，ディラックコーン (Dirac cone) 電子バンドの存在である．ディラックコーンは，後述するようにグラフェンやトポロジカル絶縁体においても見られる電子構造であり，図 4.5 に示すように，放物線的なバンド分散を示す自由電子とは違って，線形なバンド分散がディラック点と呼ばれる一点でのみ縮退した特異な構造をしている．ディラックコーンを形成する電子は**ディラック電子**と呼ばれ，その運動は質量ゼロの相対論的ディラック方程式で記述される．後述のようにグラフェンやトポロジカル絶縁体においてディラックコーンが存在することはよく知られるようになったが，鉄系超伝導体母物質の反強磁性秩序状態においてもディラックコーンが存在することがわかってきた．

図 4.6(a) に，$BaFe_2As_2$ において反強磁性転移温度 ($T_N = 138$ K) よりも十分低い温度 (25 K) で測定したフェルミ面を示す [35]．ここで最も目を引くのは，Γ-M 軸上の $(0.75\pi/a, 0)$ 近傍に存在する輝点である．この輝点は T_N 以上の温度で消失するため，反強磁性転移に伴って出現すると考えられる．このバンド分散形状を詳しく調べるために輝点周りの様々な角度 θ で測定した結果をみると（図 4.6(b)），フェルミ準位から 20 meV 程度の範囲では，常に上に凸の形をしたバンドが観測されており，さらに，その分散形状はほとんど θ に依存せずに円錐状であることがわかる．T_N の少し下の温度で ARPES 測定を行い，フェル

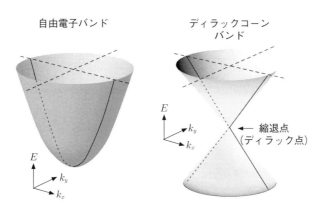

図 4.5 自由電子バンドとディラックコーンの比較．

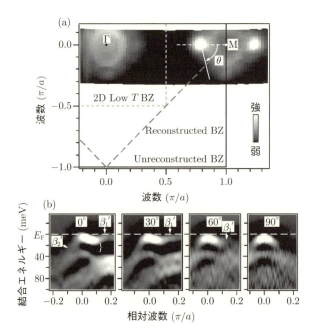

図 4.6 反強磁性相における $BaFe_2As_2$ の (a) フェルミ面と (b) ディラックコーン周りのバンド分散.

ミ-ディラック分布関数の広がりを利用してフェルミ準位より上側のバンド分散も調べた結果,低温で上に凸の円錐に見えていたバンドが,実は X 字型をしていることがわかった [35]. この結果は,鉄系超伝導体の磁気秩序相にディラックコーンが存在することを示している. このディラックコーンは,磁気抵抗,量子振動,ホール係数,ゼーベック係数など様々な物性に影響を及ぼす可能性が指摘されている [36, 37].

4.2.3 超伝導ギャップ

銅酸化物と同様に,鉄系超伝導体においても超伝導機構解明の鍵を握るのが,超伝導ギャップの対称性である. フォノンを媒介とした単純な BCS 理論の枠組みでは,鉄系超伝導体の T_c はたかだか数 K 程度と見積もられるため,30 K を超える T_c が報告された時点で,その超伝導機構は非従来型だろうとの大方の予想があった. 超伝導のモデルとしていち早く提唱されたのが,Γ 点のホール面と M 点の電子面をつなぐバンド間散乱が,反強磁性ゆらぎを媒介としたクー

パー対形成を促進し，フェルミ面間で超伝導ギャップの符号が反転する，いわゆる s_{+-} 波と呼ばれる超伝導対称性を支持するモデルである [38]．このモデルでは，いわゆる超伝導ギャップにノード（node，節）があるべき波数にフェルミ面自体が存在しないため，ギャップがどのフェルミ面上でも閉じない s 波対称性が実現すると考えられている．この点で，フェルミ面がノードを横切り d 波対称性を示す銅酸化物とは異なる．

図 4.7 に，鉄系超伝導体の中でも大型の単結晶がいち早く合成された $Ba_{1-x}K_xFe_2As_2$ において，T_c が最も高い最適ドープの試料 ($T_c = 38$ K) を用いて，各フェルミ面における超伝導ギャップの測定を行った結果を示す [39]．この試料ではホールがドープされていることから，母物質に比べて Γ 点中心のホール面が拡大し（ここでは，内側を α 面，外側を β 面と呼ぶ），M 点中心の電子面 (γ 面) が縮小していることがわかる (図 4.7(a))．対称化 ARPES スペクト

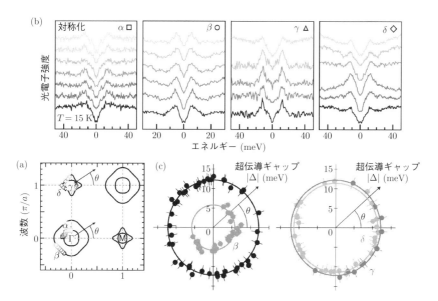

図 4.7 最適ドープ $Ba_{1-x}K_xFe_2As_2(T_c = 38$ K) における (a) フェルミ面，(b) 対称化した ARPES スペクトル，(c) 超伝導ギャップのフェルミ面角度依存性（口絵 4 参照）．

ル[2]から各々のフェルミ面上で超伝導ギャップを測定した結果（図 4.7(b)）を見ると，同一フェルミ面上では，超伝導コヒーレントピークのエネルギー位置が波数によらずほぼ一定であることがわかる．これは，超伝導ギャップがノードの無い s 波対称性を持つことを示している．また興味深いことに，外側のホール面 β での超伝導ギャップ値は他に比べて半分程度であることも明らかになった．以上の結果から，超伝導機構にはバンド間相互作用が密接に関係しており，超伝導ギャップ対称性が s_{+-} 波であることが示唆された．

122 系における初期の測定では，同一フェルミ面上では超伝導ギャップはほぼ一定（等方的）であったが，より理想的な試料表面が得られる 111 系 LiFeAs の高精度な ARPES 実験からは，等方的と思われていた超伝導ギャップに少し異方性があることがわかっている．図 4.8 に，LiFeAs における各フェルミ面上の超伝導ギャップの角度依存性を示す [40]．外側のホール面 β に着目すると（図 4.8(b)），超伝導ギャップの大きさは $\theta = 0°$（ΓM 方向）近傍では約 2 meV であ

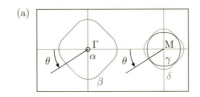

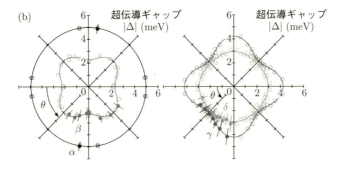

図 4.8　LiFeAs ($T_c = 18$ K) における (a) フェルミ面と (b) 超伝導ギャップの波数依存性.

---

[2] 超伝導体の ARPES 研究では，フェルミ準位を境にしてスペクトルを反転したものを元のスペクトルと足し合わせた"対称化スペクトル"がよく用いられる．これによってスペクトルからフェルミ-ディラック分布関数の寄与を除くことができる．

るのに対して，$\theta = 45°$ では 3 meV となり，波数によって超伝導ギャップが最大 1 meV 程度変化している．すなわち，超伝導ギャップに 1 meV($\sim 30\%$) の異方性がある．同様に，内側の電子面 γ でも約 1 meV の異方性が観測されている．このような超伝導ギャップの異方性の現れ方は理論モデルにより異なるため，より高精度な ARPES 測定から妥当な理論モデルを絞りこむことができると考えられる．

　これらの例のように，ノードの無い s 波対称性を支持する結果がいくつかの鉄系超伝導体で得られている一方で，ノードの存在を示唆する報告もある．例えば，$Ba_{1-x}K_xFe_2As_2$ の過剰ホールドープ領域における複雑なノード構造を示す超伝導ギャップ [41] や，$BaFe_2(As,P)_2$ 系における表面垂直方向の波数 (k_z) にも依存するようなノードの存在 [42] である．これらは，ノードの無い s 波超伝導ギャップがすべての鉄系超伝導体に共通する性質ではないことを示唆している．このような物質や組成に依存した超伝導ギャップの異なる振る舞いは，鉄系超伝導体における超伝導機構の解釈を難しくしている一因となっている．さらには，ノードの無い s 波対称性を持つ超伝導ギャップも，反強磁性ゆらぎとは別の**軌道ゆらぎ**を媒介とした超伝導機構でも説明でき，クーパー対の波動関数は符号反転を伴わない s_{++} **波**であるという報告もある [43–45]．このように，発見から 10 年を経ても，鉄系超伝導体の超伝導ギャップ対称性や超伝導機構についての統一的な見解は得られていない．

4.3　原子層高温超伝導体

　鉄系超伝導体の中でもとりわけ注目を集めているのが FeSe である．FeSe は鉄系超伝導体の 1 つで，そのバルク体の T_c は 8 K であり，他の鉄系超伝導体に比べてかなり低い T_c を持っている．ところが，2012 年に中国清華大学のグループは，**MBE (Molecular Beam Epitaxy)** 法を用いて $SrTiO_3$ の基板上に**単層 FeSe 薄膜**（原子層 3 個分の厚さを持つ）を作製し（図 4.9），そのトンネル分光測定から，T_c が鉄系超伝導体のバルク物質の最高値（$Gd_{1-x}Th_xFeAsO$ の 56 K [30]）を超えている可能性を報告した [31]．これを受けていくつかのグループが単層 FeSe 薄膜の作製を行い，その輸送特性，トンネル分光，ARPES 測定を行った結果，T_c にばらつき（20 $\sim$ 100 K）はあるものの，超伝導の同定に

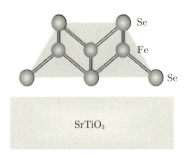

図 4.9 　SrTiO$_3$ 上の単層 FeSe 薄膜.

必須と考えられている電気抵抗ゼロの観測や超伝導ギャップのデータの再現性が得られ，単層 FeSe 薄膜で高い T_c を持つ超伝導が発現していることが確立した [46–53]．

　この単層 FeSe 薄膜は，いくつかの点で通常のバルク鉄系超伝導体とは異なった性質を示すことがわかっている．図 4.10 に示すように，超伝導試料では Γ 点のホール面が完全に消失しており，M 点に大きな電子面が観測されている [46]．このフェルミ面は，先ほど示したバルクの BaFe$_2$As$_2$ のもの（図 4.4(b)）とは大きく違う．これは SrTiO$_3$ 基板との界面を通して FeSe 薄膜に電荷移動が起こり，FeSe に多量の電子キャリアがドープされているためである．この電子キャリアは SrTiO$_3$ 界面における酸素欠損により生じると考えられている．したがって単層 FeSe 薄膜では，上述のバンド間散乱による超伝導のシナリオが単純には成立しない．図 4.11 に示した電子面上における超伝導ギャップの温度変化測定では，低温で超伝導ピークが観測され，温度上昇とともにフェルミ準位上の状態が復活して超伝導ギャップが徐々に閉じていく様子がわかる．この状態密度の温度変化は 60 K 付近から始まっていることから，この薄膜の T_c は約 60 K

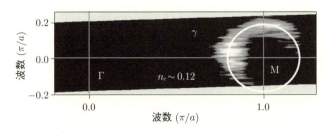

図 4.10 　単層 FeSe のフェルミ面.

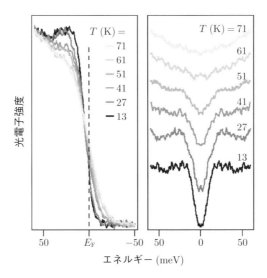

図 4.11 単層 FeSe 薄膜における電子面で測定した超伝導ギャップの温度変化.

と見積もられる.

2012 年に単層 FeSe 薄膜における超伝導が報告された後，大きな謎であったのが，2 層以上の薄膜では超伝導の兆候が観測されなかったことである．そのため，単層 FeSe の超伝導はバルク FeSe の超伝導とは別物で，基板の $SrTiO_3$ が何か特別な役割をして超伝導を引き起こしているのではないかとも考えられてきた．ところが，アルカリ金属などを FeSe 表面に蒸着して $SrTiO_3$ 基板以外から意図的に電子ドープを施すことにより，多層の FeSe 薄膜でも 40 K 以上の高い T_c が実現できることがわかった [46].

図 4.12 に示すように，$SrTiO_3$ 上に 3 層の FeSe 薄膜を成長させた場合，バルクの鉄系超伝導体（図 4.4）と同様に，Γ 点に比較的大きなホール面が残っていることがわかる．また，M 点から少し離れたところで，微小なフェルミ面 (ε) が観測されている．このフェルミ面は，結晶本来の持つ回転対称性 (C_4) を自発的に破った**電子ネマティック秩序**によりバンド構造が大きく変調された結果として生じると考えられている [54]．ここで，アルカリ金属の 1 つであるカリウム (K) をこの 3 層 FeSe 薄膜上に蒸着させると，フェルミ面の様子が劇的に変化し，単層 FeSe 薄膜とほぼ同じフェルミ面が現れる（図 4.12）．フェルミ面の大きさは，単層のものとそれほど変わらない．このことは，$SrTiO_3$ 基板からの

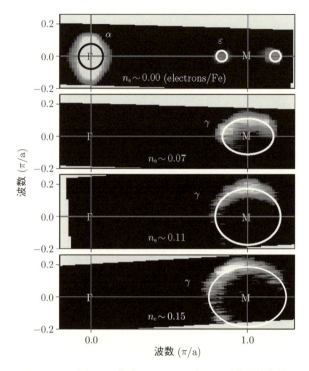

図 4.12　3 層 FeSe 薄膜のフェルミ面の K 吸着量依存性.

電荷移動を用いずとも，アルカリ金属を薄膜表面に蒸着することで多層 FeSe 薄膜に電子をドープできることを示している．

図 4.13(a) に，K 蒸着量を調整して様々な電子濃度 (n_e) で測定した，M 点の電子面における ARPES スペクトルを示す（測定温度 13 K）．図から明らかなように，母物質（電子濃度 $n_e = 0.00$ electron/Fe）ではちょうどフェルミ準位上にピークが現れて超伝導ギャップが観測されないのに対して，$n_e = 0.07$ ではフェルミ準位近傍の状態密度が大幅に抑制されて超伝導ピークが現れる．さらにドープ量を増やしていくと，ギャップは $n_e = 0.11$ で最大になった後に再び小さくなり，$n_e = 0.15$ でまた消失する．図 4.13(b) に示すように，このような振る舞いは，超伝導相が電子濃度−温度の相図上でドーム型をしていることを意味している．また，最も超伝導ギャップが大きくなる組成 ($n_e = 0.11$) で ARPES スペクトルの温度変化を測定したところ（図 4.13(c)），超伝導ギャップ

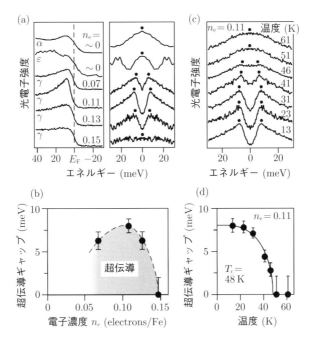

図 4.13 3層 FeSe 薄膜の電子面における (a)ARPES スペクトルと (b) 超伝導ギャップの電子濃度依存性. 最適ドープ試料における (c)ARPES スペクトルと (d) 超伝導ギャップの温度変化.

が 48 K あたりから開き始めることがわかった（図 4.13(d)）. この結果は，これまで超伝導が発現しないと考えられてきた多層 FeSe においても，キャリア量を調節することで，$T_c = 50$ K 近傍の高温超伝導を発現させることができることを示している.

このような測定を様々な膜厚で行い，各膜厚における電子相図をまとめたものが図 4.14 である. すべての膜厚のノンドープ領域に共通して電子ネマティック相が出現し，ドーピングを施すとネマティック相の消失とともに**超伝導ドーム**が現れる. 母相の秩序状態に近接した超伝導ドームの出現は，他の多くの超伝導体でも報告されており，母相の秩序状態と超伝導が密接に関係していることを示唆している. この図において注目すべき特徴は，20 層程度の厚い膜でも $T_c = 40$ K 程度の超伝導が発現していることと，薄膜化するほどネマティック相が強固になり T_c も上昇することである. 単層 FeSe 薄膜の高温超伝導を説明

するためには FeSe と $SrTiO_3$ の界面における相互作用が重要との指摘もあるが，この相図は，界面とは無関係に，FeSe に内在する相互作用のみで $T_c \sim 40$ K の高温超伝導が発現することを示している．一方で，最も薄い単層試料では T_c がさらに 20 K も上昇して 60 K になる理由は現時点ではよくわかっていないが，$T_c \sim 40$ K の高温超伝導を引き起こす下地が存在する状態で界面を通した電子-格子相互作用が付加的に電子対形成を増強して T_c を押し上げている可能性も考えられる．

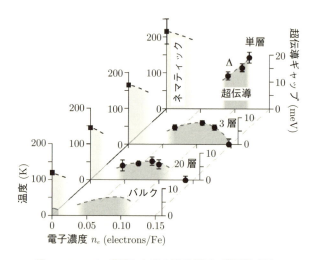

図 4.14　FeSe 薄膜における電子相図の膜厚依存性．

第5章 グラフェン

5.1 グラフェンとは

　鉛筆の芯に使われている**黒鉛**（**グラファイト**, graphite）は，図 5.1 のように，炭素原子が 6 角形の蜂の巣（ハニカム）状の 2 次元原子シートを形成し，それが何枚にも重なって 3 次元的な結晶を形成したものである．鉛筆で紙に滑らかに文字が書けるのは，この炭素原子 2 次元シートの間が良く滑り，剥がれやすいためである．この 2 次元的炭素原子層が**グラフェン** (graphene) である．厳密には，1 層の炭素原子シートをグラフェンと呼ぶが，1 層グラフェンとか 2 層グラフェンという言い方をして，数層までのものをグラフェンと呼ぶこともある．

　このグラフェンが大きな注目を集めることとなった契機は，2007 年のガイム (Geim) とノボセロフ (Novoselov) による，単層グラフェンの分離とグラフェン中における**質量ゼロのディラック電子**の発見である [55]．彼らは，この功績により 2010 年にノーベル物理学賞を受賞している．グラフェンは，他にも様々な優れた性質（例えば，鋼鉄よりも強靱，紙よりも軽い，銅よりも高い熱伝導率，折り曲げられ，透明であるなど）を持つことから，現在盛んに研究が進められている．以下では，その作製法と電子状態，超伝導への応用などについて説明

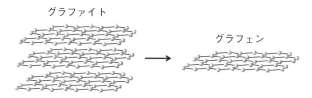

図 5.1 グラファイトとグラフェンの結晶構造.

する.

5.2 グラフェンの作製法

　グラフェンを作製する方法には大まかに,(1) 剝離法,(2) 化学蒸着法,(3) 熱分離法の3つがある.剝離法は,単結晶グラファイトをスコッチテープなどで剝離して,最後に原子1層のグラフェンを得るものである(図5.2).事実,ガイムらはこの方法でグラフェンを得て,その特異な電気特性を見出した.しかし,容易に想像されるように,この方法では大面積のグラフェン薄膜を得ることが難しく,また最後に得たものが,果たして本当に1層のグラフェンであるかどうかの同定が難しい.化学蒸着法(CVD; Chemical Vapor Deposition 法,図 5.3)は,メタンなどの有機分子を銅やニッケルなどの金属基板の上に堆積させ,金属基板表面で化学反応を起こさせてグラフェン薄膜を作製するものである.この方法では大面積の薄膜を得ることができるが,高い単結晶性を持つ試料の作製が困難であり,また基板金属とグラフェンとの化学結合の影響が大きく,グラフェン本来の性質が変化している可能性がある.最後の熱分離法は,真空下において SiC (シリコンカーバイド) 単結晶を高温でアニールすることで,その結晶表面に数ミリメートル程度の大面積のグラフェン単結晶を作製する方法である.この方法では,高品質で枚数が良く制御されたグラフェンを作

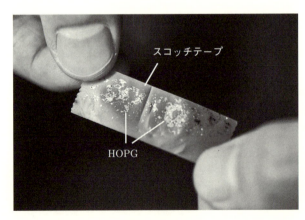

図 5.2　剝離法によるグラフェンの単離.HOPG は人工の擬似単結晶グラファイト.

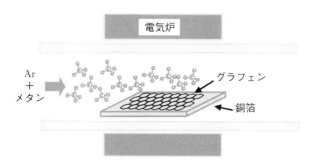

図 5.3　CVD 法によるグラフェンの作製.

製することができる．

　図 5.4 に熱分離法の模式図を示す．図に示すように，真空槽中で SiC 単結晶を約 1400℃程度に通電加熱する．Si 原子はこの温度では表面から真空中に蒸発するが炭素原子は蒸発せず，結晶表面に残った炭素原子がハニカム構造のグラフェンを形成する．加熱温度 (1400〜1500℃) と加熱時間を調整することで，1 層または 2 層といった枚数を制御したグラフェン単結晶薄膜が作製できる．枚数の制御とその同定の詳細は，5.3 節で述べる．また加熱中，真空槽中にアルゴンガス（0.1 MPa 程度）を導入すると，より平坦で大面積の試料が作製されることがわかった [56]．

　熱分離法で注意しなければいけない点は，SiC 表面に作製されたグラフェンと下地の SiC 単結晶の間に，バッファー層と呼ばれる，グラフェン状の炭素原子層であるが下地の SiC と化学結合している "グラフェンもどき" の原子層ができ

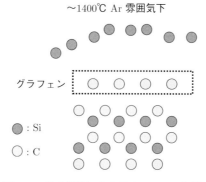

図 5.4　熱分解法によるグラフェンの作製.

ていることである．このバッファー層とその上のグラフェン層の間には化学結合は無いものの，電荷の移動が起きていることが ARPES 実験で明らかになった．この点については，次の節で詳しく述べる．このバッファー層からの影響を消してグラフェンを自立させる方法が，**水素終端法** (hydrogen termination)である．これは，図 5.5 に示すように，作製されたバッファー層付きグラフェンを，真空中で水素原子（分子でないことに注意）に暴露させ，バッファー層と SiC の間に水素を潜り込ませて SiC からの化学結合を水素で終端させ，同時にバッファー層をグラフェンに変える方法である．この水素終端の形成により，下地の SiC からの電荷流入が止まり，自立した (self-standing) グラフェンを作製することができる．水素終端の形成によるグラフェンの電子状態の大きな変化は以下で説明するように ARPES ではっきりと観測される．

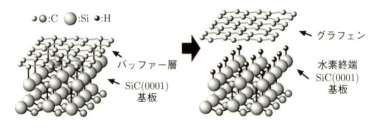

図 5.5 水素終端によるグラフェンの自立化．

5.3　グラフェンの電子状態

図 5.6 に ARPES で決定した 1 層グラフェンの価電子帯バンド構造を示す．Γ 点 4 eV 付近に最高エネルギーを持ち，ΓK 方向に下向きの分散を持つ σ バンドと，Γ 点 8.5 eV に最低エネルギーを持ち，ΓK 方向に上向きの分散を持つ π バンドが明確に観測される．図 5.7(a) には，π バンドがフェルミ準位を切る K 点周りのフェルミ準位近傍の ARPES から決定したバンド分散を示す．2 本の直線的なバンドが，K 点において対称的に交差していることがはっきりと観測される．このバンド分散が，理論から予測された質量ゼロのディラック電子を与えるディラックコーンである．また，観測された π バンドの数は，K 点での折り返しを考慮すると 1 本であり，試料が 1 層グラフェンであることを示して

5.3 グラフェンの電子状態

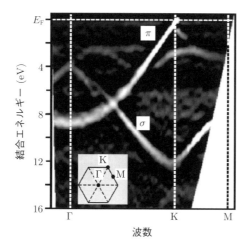

図 **5.6** 1層グラフェンの価電子帯バンド構造.

いる.ここで注目すべき点は,K点でバンドが交差するエネルギー位置(ディラック点,E_D)が,約 0.4 eV ほどフェルミ準位から下に位置していることである.理論計算では,E_D はフェルミ準位上に来ており,理論と異なっている.これは,上述したように,作製したグラフェンが自立 (self-standing) しておらず,バッファー層を通して下地の SiC から電荷移動(この場合,電子)が起きているためである.電荷移動を抑える水素終端したグラフェンについては,この後で説明する.

上で,「1層グラフェンでは π バンドは1本である」と述べたが,実は実験的にはこの逆のことを行っている.実際の実験では,加熱温度と加熱時間を様々に変えて"枚数不明のグラフェン"を作製し,それぞれの試料について ARPES 測定を行い,π バンドの数を観測して,その本数から,この試料は1層グラフェン,これは2層グラフェンと同定している.事実,1層グラフェンができた温度よりもわずかに高い温度で作製した枚数不明のグラフェンのK点付近のバンド分散を図 5.7(b) に示す.図から明らかなように,π バンドの本数が増えて2本であるがわかる.このことから,少し高い温度で作製された試料は,2層グラフェンであると結論される.3層の場合も同様である.このように熱分離法と ARPES を併用すると,枚数を選別してグラフェンを作製して,そのそれぞれについて電子構造を調べることができる.

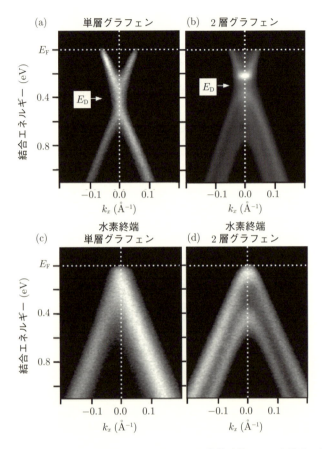

図 5.7 (a)1層および(b)2層グラフェンのフェルミ準位近傍のバンド構造．水素終端した(c)1層および(d)2層グラフェンのバンド構造．

ここまで説明したグラフェンはバッファー層の上に形成された"自立していないグラフェン"である．その証拠に，図 5.7(a)(b) の1層および2層グラフェンのπバンドのディラック点の位置がフェルミ準位より離れており，下地の SiC から電荷の注入が起きていることを示している．図 5.7(c) に，SiC 上に熱分離法でグラフェンを作製するときに結晶表面にまず形成されるバッファー層を水素暴露した後のバンド分散を示す．図 5.7(c) から明らかのように，バンドは1層グラフェンに予言されている分散を示し，さらにディラック点がちょうどフェルミ準位に来ている．このことは，図 5.5 に示したように，バッファー層が水

素終端によりグラフェン層に変化し,さらに基板の SiC からの影響（化学結合や電荷移動）を受けていない"自立した1層グラフェン"が作製されたことを示している.同様に,図 5.7(a) のバンド分散を与えるバッファー層上に作製された1層グラフェンを水素終端すると,図 5.7(d) に示すような2本のπバンド（そのうちの1本はフェルミ準位上にディラック点がある）を持つ自立した2層グラフェンが作製される [56].

5.4 超伝導グラフェン

鋼鉄よりも強靱で,紙よりも軽く,高い熱伝導率を持ち,折り曲げ可能,透明で,さらに電子を超高速で流す,まさにオールマイティのようなグラフェンに（2016年の段階で）ただ1つ欠けていたものが 超伝導である.質量ゼロのディラック電子といえども,結晶中の不純物や欠陥などで散乱を受ければ,そのエネルギーは熱に変わり,大きな発熱と熱損失を生み出してしまう.もし,このディラック電子が超伝導となれば,質量ゼロのディラック電子が抵抗ゼロで流れることとなり,まさに夢のような伝導体が出現することになる.事実,これまで多くの理論的および実験的研究がなされてきたが,超伝導グラフェン作製の確固たる証拠は見出されていなかった.以下に,2層グラフェンにカルシウムを挿入して作製したカルシウム2層グラフェン層間化合物で超伝導が発現していることを見出した研究について説明する [57].

この実験のヒントは,**黒鉛層間化合物** (Graphite Intercalation Compounds; GIC) にある.グラファイトの層間に金属を挿入した GIC は,そこに挿入した金属の種類に依存した異なる超伝導転移温度 (T_c) を持つ超伝導体となることが知られている.この GIC の中で最高の $T_c = 11.5$ K を持つものが,カルシウム黒鉛層間化合物 (C_6Ca) である（図 5.8）.この層間化合物を極限まで薄くしたカルシウム2層グラフェン層間化合物 (C_6CaC_6)（図 5.8）で超伝導が発現するのではないかと考えられる.

まず,SiC 上に熱分離法で2層グラフェンを作製する.2層であることは ARPES の測定からπバンドの数が2本であることから確認できる.次に,このグラフェンの層間にカルシウム原子を挿入（インターカレート）する必要がある.まず,単純に真空中でこの2層グラフェンにカルシウムを蒸着してみた

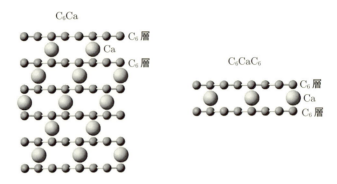

図 5.8　カルシウム黒鉛層間化合物 (C_6Ca) とカルシウムグラフェン層間化合物 (C_6CaC_6).

が，カルシウムは 2 層グラフェンの表面にランダムに吸着するのみで，グラフェン層間にインターカレートしていないことが，低速電子線回折 (LEED) の観測から明らかとなった．この原因は，カルシウム原子が大きく，グラフェン層間に入りにくいためと考えられる．そこで，より原子半径の小さいリチウム (Li) を最初に蒸着してリチウムを層間にインターカレートさせることを試みた（図 5.9）．予想どおり，リチウムは（小さな原子半径のせいで）グラフェンの層間に規則正しくインターカレートされリチウム 2 層グラフェン層間化合物 (C_6LiC_6) が作製された．このとき，2 層グラフェンの層間はリチウムが挿入されていないときに比べ，わずかに広がっていると期待される．次に，この C_6LiC_6 の上にカルシウムを蒸着し，その後，試料の温度を 250℃に保つ．この温度は，真空中で Li が蒸発する温度よりもわずかに高く，しかし Ca が蒸発しない温度である．LEED で観測していると，C_6LiC_6 の規則構造を示すパターンが消えて

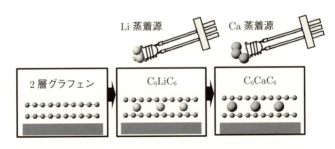

図 5.9　2 層グラフェンへの Li と Ca 蒸着．

暫くすると，C_6CaC_6 を示すパターンが出現した．このことは，C_6LiC_6 の Li 原子が Ca 原子と置き換わったことを示す（図 5.9）[58]．

このようにして作製した 2 種類の 2 層グラフェン層間化合物（C_6LiC_6, C_6CaC_6）について，ARPES 測定から決定したフェルミ面を図 5.10 に示す．いずれの化合物においても，インターカレートした金属原子からの電荷移動により，グラフェンの Γ および K 点に新たな電子的フェルミ面が出現していることがわかる．また，インターカレートした金属原子の規則構造によると思われるバンドの折り返しも観測され，作製された 2 層グラフェン層間化合物中で，金属原子が規則的配列をとっていることを示している．C_6LiC_6 と C_6CaC_6 を比べると，新たに出現した電子的フェルミ面のサイズが，C_6CaC_6 のほうが大きいことがわかる．これは，Li 原子が 1 個の電子を供給するのに対し，Ca は 2 個供給しているためと考えられる．

最後に，この 2 層グラフェン層間化合物が超伝導を示すかどうかを調べた．超伝導の最も直接的な証拠は，電気抵抗ゼロの出現である．超高真空下で作製した試料を大気に曝すことなく，**マイクロ 4 端子法**を用いてその電気抵抗の温度依存性を測定した [57]．図 5.11 に C_6CaC_6 の結果を示す．抵抗は 7 K 付近から急速に下降を始め，2 K において測定精度範囲内でゼロとなることを観測した．一方，C_6LiC_6 では，1 K までの測定では超伝導は観測されなかった．この違いは，フェルミ面の大きさからも判断されるように，インターカレートさ

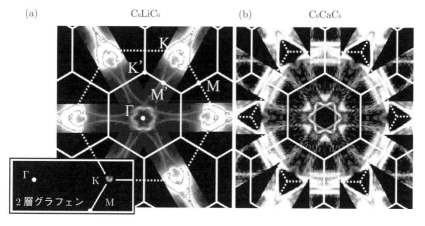

図 **5.10** ARPES で決定した (a)C_6LiC_6 と (b)C_6CaC_6 のフェルミ面（口絵 5 参照）．

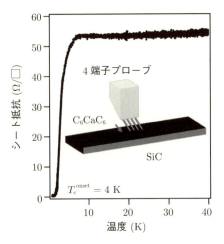

図 5.11　マイクロ 4 端子法で測定した C_6CaC_6 の電気抵抗率.

れた金属原子からの電荷移動の量が超伝導発現の有無に関係していることを示している.

5.5　ポストグラフェン

　グラフェンはディラックコーンを形成する電子が非常に高い移動度を有するため，基礎研究だけでなく超高速電子デバイスや透明電極といった応用研究も精力的に行われている．その一方で，グラフェンのディラックコーンにはエネルギーギャップ（バンドギャップ）が存在しないため，半導体デバイスに用いるには困難が多い．グラフェンにバンドギャップを開かせる方法として，単層グラフェンの単位胞に含まれる 2 種類の炭素原子（A サイトと B サイト）に非等価性を生じさせるか，あるいは 2 層グラフェンの面垂直方向に電界をかけるなどのことが提案されている．一方で，**ポストグラフェン**と呼ばれる，グラフェンと同様の蜂の巣格子を有する原子層物質が最近注目を集めている．その代表例が，ケイ素 (Si) による蜂の巣ネットワークを持つシリセン (silicene) である．

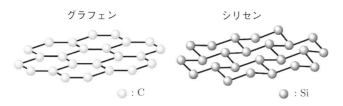

図 5.12 グラフェンとシリセンの結晶構造の比較.

5.5.1 シリセン

図 5.12 に示すように，シリセンはグラフェンと同様な蜂の巣構造を持つが，グラフェンと異なり波状の凹凸構造（バックリング構造）を有している．基本的な電子構造はグラフェンとほぼ同じと予想されており[1]，電界効果によってバンドギャップの形成と制御が可能であると提案されており，超高速電子デバイスへの応用が期待されている．一方で，単離したシリセンシートの合成はグラフェンに比べて難しいことが知られており，ARPES では主に，銀 (Ag) 単結晶などの金属基板上に真空中で Si 原子を蒸着することでシリセンを成長させ，その電子状態の研究が行われている．しかしながら，Ag と Si 電子間の強い混成効果などのため，金属基板上に成長したシリセンがブリルアンゾーンの K 点近傍で自立したシリセンシートにおいて予想されるようなディラックコーンを有するのかどうかについては，それを肯定する報告と否定する報告の両方があり，まだ確定していない [59–61]．今後，自立したシリセンシートの作製とその高精度な ARPES 測定が必要である．また，シリセンの他にも，同族のゲルマニウム (Ge) を用いたゲルマネン，スズ (Sn) を用いたスタネンなどの蜂の巣格子物質などが理論的に予測され，その物質合成も報告され始めている．

5.5.2 遷移金属ダイカルコゲナイド

ポストグラフェン物質として近年注目されているもう 1 つの物質群が，遷移金属ダイカルコゲナイド MX_2（M は遷移金属元素，X はカルコゲン S, Se, Te）である．バルクの MX_2 は古くから知られる層状物質で，遷移金属原子 (M) をカルコゲン原子 (X) でサンドイッチした構造が結晶の基本ユニットとなる．図

---

[1] スピン軌道相互作用とバックリング構造のため，シリセンには厳密には小さいながらも有限のバンドギャップが存在する．このバンドギャップを利用したトポロジカル相転移や量子スピンホール効果も興味深い研究対象である．

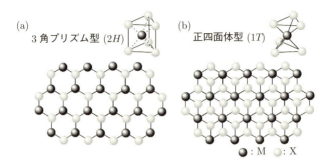

図 5.13　$2H$ および $1T$ 型遷移金属ダイカルコゲナイドの結晶構造.

5.13 のように，カルコゲン原子の配位方法は 2 種類あり，上下の層でカルコゲン原子が重なる 3 角プリズム型の $2H$ 構造と，一方のカルコゲン層がこれに対して 60° 回転した正四面体型の $1T$ 構造である．MX_2 の大きな特徴は，M と X の組み合わせで多岐にわたる物質が存在することであり，普通の半導体になるものもあれば，電荷密度波 (Charge Density Wave: CDW) や超伝導を示す物質も数多くある．このような M と X の組み合わせによる物性の多様性自体が興味深い研究対象ではあるが，1 ユニットまで薄くした原子層 MX_2 が最近大きな注目を集めている．その理由の 1 つがグラフェンの結晶構造との類似性である．実際，図 5.13(a) のように 3 角プリズム型 ($2H$) の 1 ユニットを上から見ると，蜂の巣格子を有していることがわかる．さらに MX_2 では重い元素（例えば W, Te など）を用いることで，スピン軌道相互作用を強くすることができる．これは軽元素の炭素で構成されたグラフェンには無い特徴である．MoS_2 をは

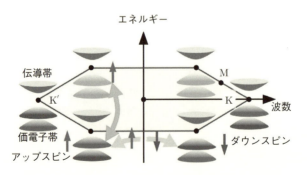

図 5.14　MoS_2 や WSe_2 などの単層 MX_2 における電子構造.

じめとする多くの MX_2 は剥離法や MBE 法によって得ることができるが，図 5.14 に示すように，$2H$ 構造を持つ MX_2 の一部（MoS_2, WSe_2 など）はブリルアンゾーンの K および K' 点で直接ギャップを持つ半導体となり，そのエネルギー分散はバレー（谷）構造を有している．さらにスピン軌道相互作用の効果で，価電子帯の頂上がアップとダウンスピンを持つ 2 本のバンドに分裂している．このようなバンド分裂は ARPES でもはっきり捉えられている [62,63]．MX_2 では，このようなスピンとバレーの自由度を生かした電界効果による超伝導誘起や光学・熱電デバイスなどの基礎研究が盛んに行われており [64,65]，今後 ARPES による電子状態の直接観測と新規デバイスへの応用研究が急速に進展するものと期待される．

第6章 トポロジカル絶縁体

6.1 トポロジカル絶縁体とは

トポロジカル絶縁体と呼ばれる，これまであまり聞きなれなかった言葉が最近巷を賑わせているのをご存知の読者は多いだろう．固体には，金属，絶縁体（半導体），超伝導体，といった状態が存在することはよく知られている．しかし，このトポロジカル絶縁体は，バルクは絶縁体であるのに対してそのエッジ（2次元系では端，3次元系では表面）では金属状態を持つ奇妙な物質であり，従来の物質のどの状態とも異なる．トポロジカル絶縁体の名前の由来である**トポロジー（位相幾何学）**は「柔らかい幾何学」とも呼ばれる．トポロジーの分野では，図 6.1 に示すドーナツとマグカップは，同じトポロジカル相に分類される．図形や空間を柔らかいものと捉えることで，お互いを連続的に変形させて移り変わることができるためである．一方，球（あるいは立方体）をドーナツ（あるいはマグカップ）に変形するためには，必ず穴を開ける操作が必要になり連続変形によってつなげることができない．このため，球とドーナツは別のト

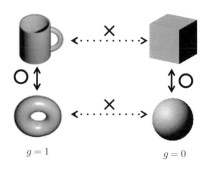

図 **6.1** 物体のトポロジカルな分類．

ポロジカル相に分類される．これらの図形を特徴付けるのは**トポロジカル不変量**と呼ばれ，穴の数（種数 g と呼ばれる）がそれに対応する．

このようなトポロジーの考え方を絶縁体に適用したのが，トポロジカル絶縁体である．ここでは穴の数の代わりに，Z_2 **指数**と呼ばれるトポロジカル不変量が普通の絶縁体 ($Z_2 = 0$) とトポロジカル絶縁体 ($Z_2 = 1$) とを区別する指標になる．トポロジカル絶縁体の実現には，強いスピン軌道相互作用によって価電子帯の電子波動関数のパリティを反転させること（バンド反転）が必要と考えられており，これらの異なる絶縁体をつなげようとした場合，一度絶縁体ではない状態，すなわち金属状態を経る必要がある（図 6.2）．この金属状態では価電子帯と伝導帯のバンドが 1 点でのみ交わるような特殊な電子構造（ゼロギャップ状態：**ゼロギャップ半導体**や**ディラック半金属**と呼ばれる）が実現する．トポロジカル絶縁体の表面やエッジに金属状態が現れるのは，これと同じ理由による．すなわち，ある絶縁体の表面あるいはエッジにギャップレスな金属状態が現れるかどうかは，バルク自体のトポロジカルな性質で決まっており，そのことを**バルク–エッジ対応**と呼ぶ．なお，スピン軌道相互作用は物質内の電子の相対論的効果によって生じるため，一般に重い元素ほどその効果が強い．トポロジカル絶縁体やその関連物質に，原子番号 81 のタリウム (Tl)，82 の鉛 (Pb)，83 のビスマス (Bi) など重い元素が含まれるのはそのためである．

図 6.3 のような真空中に置かれたトポロジカル絶縁体を考えてみよう．真空は

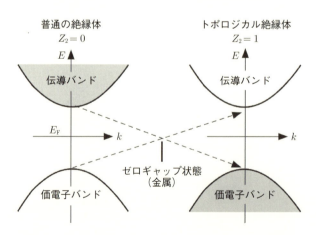

図 6.2 普通の絶縁体とトポロジカル絶縁体のバンド構造．

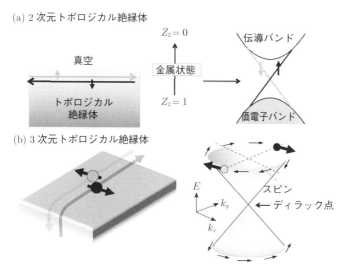

図 6.3 (a)2次元および(b)3次元トポロジカル絶縁体のエッジ・表面におけるギャップレス状態.

普通の絶縁体の原子間距離を無限に引き離したものと捉えられるため，$Z_2 = 0$ と分類できる．そのため，真空 ($Z_2 = 0$) とトポロジカル絶縁体 ($Z_2 = 1$) の間の境界には，絶縁体でない状態（金属状態）が形成される．トポロジカルな要請から，この境界におけるバンドはフェルミ準位がバルクのバンドギャップ内のどこにあっても必ず金属的でなければならない．このことから，トポロジカル絶縁体のエッジまたは表面金属バンドは，必ず価電子帯と伝導帯をつなぐようなバンド構造を持つことがわかる．2次元トポロジカル絶縁体の場合は，このバンドはバンドギャップを横切るX字型をした1次元の"端"バンドに対応し（図6.3(a))，3次元トポロジカル絶縁体の場合は2次元のディラックコーン"表面"バンドに対応する（図6.3(b)).バンドが交差する点は**ディラック点**あるいは**クラマース点**とよばれ，系の持つ**時間反転対称性**によって縮退が保護されている．ディラック点の周りではバンドは線形の分散を示し，グラフェンと同様に，その上で質量ゼロのディラック電子が存在すると解釈できる．

なお，通常 Z_2 指数（0か1）は2次元の絶縁体を分類するときに使われるが，3次元の絶縁体では $(\nu_0; \nu_1, \nu_2, \nu_3)$ という指数を使う（ν は0か1の値をとる) [66–68]．詳しい説明は他書に譲るが，これら ν の値は，複数の時間反転対

称点における価電子帯のバンドのパリティをすべて掛け合わせた値で決まる物理量であり，(0; 0,0,0) の場合は普通の絶縁体，$\nu_0 = 1$ の場合は"強い"トポロジカル絶縁体に分類できることが知られている．強いトポロジカル絶縁体では，面方位によらずディラックコーンが必ず表面に現れる．

3次元トポロジカル絶縁体におけるディラックコーンの興味深い性質は，**ヘリカルスピンテクスチャ**（図 6.3(b)）と呼ばれるスピンと運動量の方向が固定された状態である．このようなスピン偏極したディラックコーンは，グラフェンや鉄系超伝導体では現れない．例えば，k_x の正方向にある電子を k_x の負方向に散乱させようとすると，スピンを反転させる必要があるが，通常の不純物によって電子が散乱された場合は，このようなスピン反転を伴う散乱は量子力学的に許されない．すなわち，電子が後方に散乱されにくくなるため，電子は不純物などの乱れに対して強固になる．ヘリカルテクスチャを持つ電子は，同じ方向のスピンを持つものは同じ方向に進み（図 6.4），平衡状態では表面において電荷の流れ（電流）を伴わない**純スピン流**が生じると考えられる．ディラック電子のこの際立った性質を利用することで，次世代の低消費電力スピントロニクスデバイスへの応用 [69] や，超伝導体接合系におけるマヨラナフェルミオン[1]を利用した**量子コンピュータ**への応用 [70] などが期待されている．

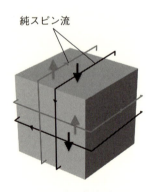

図 **6.4** トポロジカル絶縁体表面におけるスピン流．

---

[1] 自身の反粒子が自分自身である中性フェルミ粒子で，ディラック方程式の実数解として数学的に導かれる．ニュートリノがマヨラナフェルミオンである可能性が指摘されているが，まだ確定していない．固体中でマヨラナフェルミオンが現れる可能性が近年指摘されている．

2次元トポロジカル絶縁体の存在が最初に実証されたのは，2007年のHgTe/CdTe量子井戸における量子化されたエッジ伝導の観測である [71,72]．その翌年には，最初の3次元トポロジカル絶縁体である $Bi_{1-x}Sb_x$ 合金におけるトポロジカルな表面状態が ARPES によって発見され [73]，次にテトラジマイト型の結晶構造を持つ Bi_2Se_3 や Bi_2Te_3 などで表面ブリルアンゾーン中心にただ1つディラックコーンを持つ第二世代トポロジカル絶縁体が発見された [74,75]．その後も，タリウム系3元カルコゲナイド [76–78] など何種類かのトポロジカル絶縁体が見つかっている．第二世代トポロジカル絶縁体の発見をきっかけにしてトポロジカル絶縁体の物性解明やデバイス応用ための研究が急速に進んでいる．表面敏感[2]な ARPES 法は，ディラックコーン表面状態を直接観測するにはまさにうってつけであり，その特徴を生かして多くの3次元トポロジカル絶縁体の同定に中心的な役割を果たしてきた．次節では，トポロジカル絶縁体のディラックコーンが ARPES によりどう見えるかに焦点を絞って最近の研究を解説する．なお，トポロジカル絶縁体の物理をもっと掘り下げて勉強したい場合には，良い教科書がいくつかあるのでそちらも参照するとよい [79–81]．

6.2　スピンテクスチャ

ディラックコーンにおけるスピンテクスチャは，スピン分解 ARPES によって直接検証することができる．図 6.5(a) に，$TlBiSe_2$ という3次元トポロジカル絶縁体において y 方向の波数 (k_y) に沿って測定した ARPES スペクトル強度 [76] を示す．X 字型のバンドが明確に観測されることから，ディラックコーンがあることが一目瞭然である．このディラックコーンがフェルミ準位を横切る波数（フェルミ波数）において，スピン分解 ARPES スペクトルを測定すると（図 6.5(b)），右側 ($k_y > 0$) のフェルミ波数のスペクトルでは，アップスピンのスペクトル強度がダウンスピンのものよりも強くなっていることがわかる．一方で，左側 ($k_x < 0$) のスペクトルでは，逆にダウンスピンが優勢である．この測定におけるスピンの量子化軸は k_x 正方向にとっているので（図 6.3(b) を参照），この結果は，ディラックコーンの右側と左側でスピンの方向が反転してい

---

[2] ARPES の表面敏感性は励起光のエネルギーによって変わるが，典型的な紫外光 ($h\nu = 50$ eV) を用いた測定では，表面から約 10 Å 程度までをプローブする．

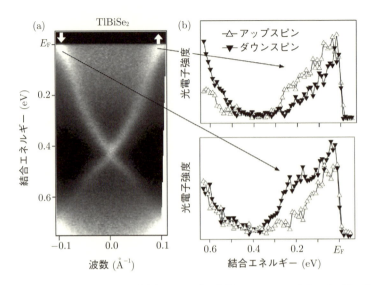

図 6.5 TlBiSe$_2$ の (a)ARPES 強度と (b) スピン分解 ARPES スペクトル（口絵 6 参照）．

る，すなわち，図 6.3(b) に示すようにスピンがフェルミ面上で時計回りの構造を持つことを意味している．また，表面に垂直成分のスピンに対応するスピン分解 ARPES スペクトルは，アップとダウンの間に有為な差が見られない（図 6.6(a)）．これは，スピンが試料表面に平行な成分しか持っておらず，理論で予測される完全面内ヘリカルテクスチャが，まさに実際のトポロジカル絶縁体物質で実現していることを示している．

実はこのスピンヘリカルテクスチャは，物質によっては少し複雑な振る舞いを示すこともわかっている．図 6.6(b) に，Bi$_2$Te$_3$ というトポロジカル絶縁体のスピン分解 ARPES スペクトルを示す．面内成分のスピンに関しては，一見して TlBiSe$_2$ でも観測されたアップとダウンスピンの大きな差が観測されているが，面直成分をよく見ると，TlBiSe$_2$ とは異なり，アップとダウンスピンのスペクトルの間に若干の違いがある．つまり，Bi$_2$Te$_3$ ではスピンは常に面内を向いているわけではなく，有限の面直成分が存在する [82]．なお，このスピンの面直成分は，結晶ポテンシャルによってディラックコーンが強く変調され，フェルミ面が 6 角形（あるいは星型）に歪む場合（図 6.6(b)）に生じることがわかっている [82,83]．スピンに面直成分があると電気伝導などにも違いが現れる（例えば，面内に磁場をかけただけで，ディラックコーンにエネルギーギャップを

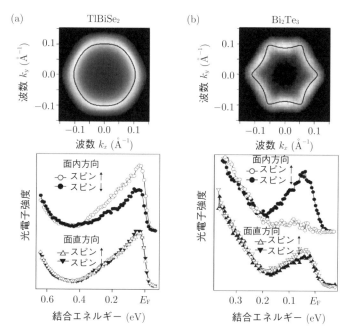

図 6.6 (a)TlBiSe$_2$ のフェルミ面（上）とスピン分解 ARPES スペクトル（下）．(b)Bi$_2$Te$_3$ についての同様のプロット．

開けることができる）ため，スピンテクスチャを正しく考慮することは，実際のトポロジカル絶縁体におけるディラック電子の性質を精確にモデル化するために重要である．

6.3 トポロジカル量子相転移

6.1 節で述べたように，普通の絶縁体をトポロジカル絶縁体に転移させるためには，一旦バンドギャップを閉じてゼロギャップ状態を経る．すなわち，トポロジカル絶縁体から普通の絶縁体への**トポロジカル量子相転移**が起こる必要がある．この量子相転移に伴うバンド構造の変化を実験で初めて詳細に観測した物質が，トポロジカル絶縁体 TlBiSe$_2$ の Se 原子の一部を S 原子で置換した TlBi(S$_{1-x}$Se$_x$)$_2$ である [84,85]．図 6.7 に，S と Se の組成比を系統的に変えて測定した ARPES スペクトル強度を示す．TlBiSe$_2$($x = 1.0$) では，先ほど示し

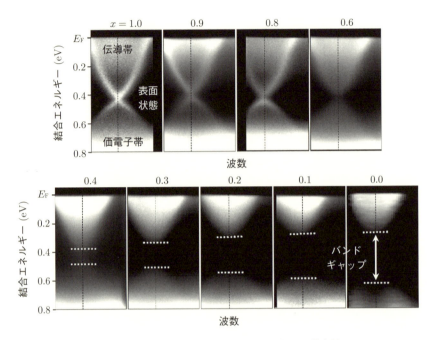

図 6.7 TlBi$(S_{1-x}Se_x)_2$ の ARPES 強度の x 依存性.

たように X 字型の分散を示すディラックコーンが観測され,その外側に,バルクの伝導帯と価電子帯が観測されている.トポロジカル"絶縁体"であるにもかかわらず,バルクの伝導帯がフェルミ面を形成しているのは,結晶内に存在する微量の Se 欠陥によって電子がドープされているためである.一方で,Se を S で完全に置換した TlBiS$_2$ ($x = 0.0$) では,伝導帯と価電子帯の間には状態が存在せず,表面バンドが観測されない.この結果は,TlBiSe$_2$ と TlBiS$_2$ が異なるトポロジカルクラスに属することを示しており,TlBiSe$_2$ と TlBiS$_2$ の Z_2 指数はそれぞれ奇と偶 ($Z_2 = 1$ と 0) であることに対応する.

ここで,$x = 1.0$ と 0.0 の間の組成に着目してみよう.$x = 1.0$ で X 字型をしていた表面バンドは,徐々にブロードになるものの $x = 0.6$ まで残っているように見える.一方 $x \leq 0.4$ ではその痕跡は確認できない.このことから,トポロジカル量子相転移が起こる組成は $x \sim 0.5$ と推定される.また,バルクのバンドギャップの大きさを,価電子帯および伝導帯のスペクトル端から見積もると,$x = 0.0$ から 0.5 に向けてバンドギャップが徐々に小さくなっていくこと

がわかる．$x = 1.0$ から 0.5 に近づいた場合も同様の傾向が観測された [84]．すなわちバルクのバンドギャップは $x \sim 0.5$ で確かに閉じる振る舞いを示しており，先に述べた「異なるトポロジカルクラスに属する絶縁体間の転移にはゼロギャップ状態を経る必要がある」というトポロジカル原理が実験で実証されたと言える．この実験では，量子相転移近傍で表面バンドに思いがけない変化が生じることもわかっているが，これについては次節で述べる．

6.4 ディラックコーン制御

トポロジカル絶縁体において，これまでにない新しい量子現象やデバイス応用を実現するためには，いかにしてディラックコーン表面状態を自在に制御するかが重要になる．この節では，ARPES によって明らかになった種々のトポロジカル絶縁体におけるディラックコーンの制御性について述べる．

6.4.1 ディラック電子の質量制御

図 6.8 に示すように，磁性不純物などによって時間反転対称性を破ることでディラック点におけるバンドの縮退（クラマース縮退）を解き，ディラックコーンにエネルギーギャップ（ここでは**ディラックギャップ**と呼ぶ）を開けることができる．これは，質量ゼロのディラック電子に有限の質量を持たせることに対応する．非磁性体のバルク結晶においては，結晶の持つ並進対称性により，

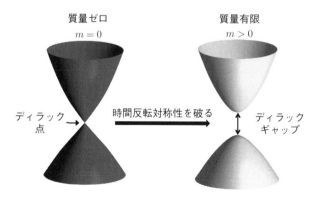

図 **6.8** 時間反転対称性を破ってディラックコーンにギャップを開ける模式図．

時間反転対称性 $E(k,\uparrow) = E(-k,\downarrow)$ と空間反転対称性 $E(k,\uparrow) = E(-k,\uparrow)$ が同時に成立しているので，$E(k,\uparrow) = E(k,\downarrow)$ という関係式が成立する．そのため，上向きスピンと下向きスピンが常に縮退したバンド構造を持つ（クラマース縮退）．一方で表面や界面では，面に垂直な方向に対して空間反転対称性が破れており，最後の式が成立しない．電子は固体表面に垂直な電場ベクトルと運動方向に垂直な有効磁場を感じるため，スピン縮退が解け，運動量空間のほとんどの領域でバンドが分裂する．時間反転対称性が保たれている場合は，時間反転対称点と呼ばれる $k=0$ の波数では $E(0,\uparrow) = E(0,\downarrow)$ となるので，バンドが縮退することになる[3]．多くのトポロジカル絶縁体のディラックコーンがブリルアンゾーンのちょうど Γ 点で縮退するのはこのためである．

時間反転対称性を破ってディラックコーンにエネルギーギャップを開け，さらにギャップ内にフェルミ準位を位置させることができれば，**量子異常ホール効果**，**トポロジカル電気磁気効果**というような様々な新奇量子現象を実現できることが理論的に予測されている．例えば量子異常ホール効果の実現のためにディラックギャップが必要なのは，バルクと表面の両方を絶縁化して，残ったエッジにおける量子化された伝導チャンネルを顕在化させるためである．ディラックコーンにギャップを開けるために，これまで多くの実験が試みられている．例えば，トポロジカル絶縁体の表面への磁性不純物の蒸着や，磁性不純物をドープしたバルク結晶の作製が行われているが，ARPES ではそれほど再現性の良いギャップは観測されていない．一方，$(Bi_{1-x}Sb_x)_2Te_3$ 薄膜の輸送特性の実験ではこの研究は進んでおり，低温において明確な量子異常ホール効果が観測されている [86, 87]．

$TlBi(S_{1-x}Se_x)_2$ では，明示的に時間反転対称性を破らずとも非常に大きいディラックギャップが実現できることが見出されている．前節で示した図 6.7 のトポロジカル相 $(1.0 \geq x \geq 0.6)$ のデータに着目すると，$x = 1.0$ ではディラック点の強度は非常に強いものの，$x = 0.9$ ではその強度が大幅に抑制され，$x = 0.6$ では強度がほとんど残っていないことがわかる．この結果は，表面バンドはトポロジカル相では常に残っているものの，S 置換によりギャップが開き，S 置換量を増やすにつれてギャップが徐々に大きくなっていくことを示している．実際，スペクトルのピーク位置を二階微分によって抜き出した図 6.9 では，x の減

---

[3] $k=0$ から逆格子ベクトル **G** だけずれた点も時間反転対称点になる．

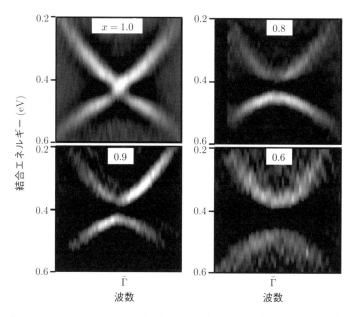

図 6.9 TlBi$(S_{1-x}Se_x)_2$ のトポロジカル相における表面バンドの分散.

少に伴ってディラックギャップが系統的に大きくなる様子がはっきりと確認できる．これはまさに，ディラック電子が有限の質量を持った場合のバンド構造に対応する．

観測されたディラックギャップの起源は未だわかっていない．まず考えられるのが磁性不純物であるが，TlBi$(S_{1-x}Se_x)_2$ はすべて非磁性元素で構成されており，磁化測定においても磁性の痕跡が見られないことから，この可能性は考えにくい．また，ディラックギャップの大きさに有意な温度変化が無いことから，ギャップの起源が磁性によるものとも考えにくい．つまりこの ARPES 結果は，時間反転対称性を明示的に破らなくてもディラックギャップが開くことを示唆している．この実験データの解釈としていくつかの理論が提案されているが，今のところ決定打はない．今後，このような特殊な振る舞いを示す他の物質系の探索も必要と思われる．

6.4.2 ディラックキャリア制御

トポロジカル絶縁体における新奇量子現象の実現とデバイス応用のためには，

バルクを絶縁体化してディラック電子の表面伝導を顕在化する必要がある．しかしながら，ほとんどのトポロジカル絶縁体は，作ったまま (as-grown) の状態では金属的な伝導を示す．トポロジカル"絶縁体"といえども，実はほとんどの物質が金属なのである．例えば，よく知られたトポロジカル絶縁体 Bi_2Se_3 は，結晶内に不可避的に含まれる微量の Se 欠損のため電子がドープされて n 型の縮退半導体となる．6.3 節で示した $TlBiSe_2$ も同様である．バンド構造の観点からは，これはフェルミ準位が伝導帯内に位置することに対応する．このような状態では，ディラック電子の特性を生かした量子現象の実現やデバイスへの応用は難しい．余計な電子ドープの効果を無くすためには，原理的には欠損をゼロにすればよいわけであるが，実際問題としてそれは簡単ではない．そのため一般的には，結晶の構成元素の一部を別の元素で置換したりして，電子とホールキャリアのバランスをとることでトポロジカル絶縁体をバルク絶縁体化する方法が用いられる．

このような観点から最もデバイス応用が進んでいる物質が，$Bi_{2-x}Sb_xTe_{3-y}Se_y$（通称 BSTS）である．この物質では，Bi_2Te_3 を出発点として，Bi を Sb で，Te を Se でそれぞれ部分置換してその組成比 x, y を同時に制御することで，特定の (x, y) の領域においてバルク絶縁相を実現する [88]．これは，Se 欠損によっ

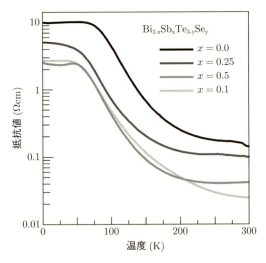

図 6.10 $Bi_{2-x}Sb_xTe_{3-y}Se_y$ の電気抵抗率．

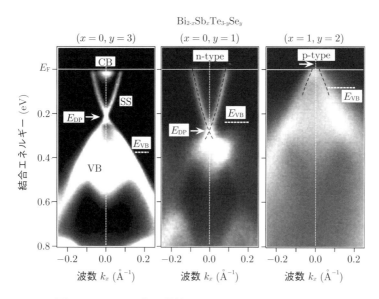

図 6.11 Bi_2Se_3 と 2 種類の BSTS のディラックコーン.

て生じた電子キャリアと，Te と Bi のアンチサイト置換によって生じたホールキャリアがちょうどよく補償するためである．図 6.10 に示す 4 種類の BSTS の電気抵抗率 [89] からは，いずれの組成においても低温に向けて電気抵抗が上昇しており，絶縁体的な振る舞いを示すことがわかる．ARPES で測定したバンド構造 [89] に着目すると（図 6.11），Bi_2Te_2Se のバルク絶縁体試料では，確かにディラックコーンの内側にバルク伝導帯がまったく観測されておらず，バルクバンドがフェルミ準位を切っていないことがわかる．これは Bi_2Se_3 でバルク伝導帯がフェルミ準位上に明確に観測されているのとは対照的である．Bi_2Te_2Se ではディラック点（E_{DP}）が結合エネルギー約 0.3 eV の占有状態に位置していることから，ディラックキャリアの種類は n 型となっているが，その一方で，同じくバルクが絶縁体である $BiSbTeSe_2$ では，バンド構造が全体的に上に押し上げられてディラック点がフェルミ準位より上に位置しており，p 型になっていることがわかる．また，ディラック点がフェルミ準位に近い組成では，伝導帯と価電子帯がディラック点に対してエネルギー的に十分離れて，バルクが絶縁体のままでディラック電子特有の輸送特性を引き出せる条件が揃っていることがわかっている [89]．これらのことは，BSTS の組成を精密に制御すること

で，バルクの絶縁性を保ったままディラックキャリアの濃度と符号の両方を制御できることを示している．この BSTS の持つバルク絶縁性とディラックコーンの制御性を利用した**スピン−電気変換**などのスピントロニクスへの応用のための研究が盛んに行われている．

バルク絶縁性を示す BSTS 以外のトポロジカル絶縁体も開発されている．$Tl_{1-x}Bi_{1+x}Se_2$ [90] や $TlBi_{1-x}Sb_xTe_2$ [91] がその一例である．$TlBi_{1-x}Sb_xTe_2$ では，Bi と Sb の組成比 x のみを調整することでバルク絶縁体を実現できる．ディラックコーンの x 依存性は BSTS と似た振る舞いをしており，$x = 0.6$ 周辺でディラックキャリアが n 型から p 型に転移する [91]．また，この物質のディラックコーンバンドは BSTS や他のトポロジカル絶縁体よりも急峻であり，高いフェルミ速度を利用したより高速なデバイスへの応用も期待される．

6.4.3 ディラックコーンの混成制御

前節では，トポロジカル絶縁体におけるディラックキャリアの制御には，バルク結晶の化学組成の制御が有用であることを示した．ディラックキャリア制御に有効と考えられるもう 1 つの手法が，**ヘテロ構造（超格子）**の制御である．例えば，薄いトポロジカル絶縁体結晶ユニットを A とすると，その上にトポロジカル絶縁体でない別のユニット B を積層させて，ABAB... などの積層パターンを持つ物質を考えることは原理的に可能である（図 6.12）．AABAAB... のように，単位積層に含まれるユニット数を変えることもできるし，B の代わりに C というユニットを挿入してもよい．このように，ヘテロ構造には高い自由度があり，そのため積層パターンの制御によって，物理特性を増強させたり新しい量子現象を生み出したりできる．よく知られた例としては，銅酸化物において単位格子あたりに含まれる CuO_2 面の数を増やすことで T_c が大幅に向上す

図 6.12 トポロジカル絶縁体におけるヘテロ構造エンジニアリング．

ることや,絶縁体の SrTiO$_3$ と LaAlO$_3$ どうしのヘテロ接合界面で超伝導が発現することが挙げられる.一方で,このようなヘテロ構造のエンジニアリングは,トポロジカル絶縁体においては,それほど研究例がない.

図 6.13(a) に,トポロジカル絶縁体におけるヘテロ構造の例として,Pb 系ホモロガス物質 $[(\text{PbSe})_5]_n[(\text{Bi}_2\text{Se}_3)_3]_m$ を示す.この物質は,通常の絶縁体である PbSe ユニットが n 層とトポロジカル絶縁体 Bi$_2$Se$_3$ の基本単位構造 (5 重層; quintuple layer (QL)) m 層が交互に積層した構造を持つ.すなわちこの物質は Bi$_2$Se$_3$ を含む自然超格子とみなすことができる.実際の物質合成では,$n=1$ のみの結晶を安定して作ることができ,$m=1,2,3,4,\infty$ の単結晶がこれまで合

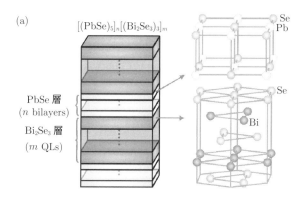

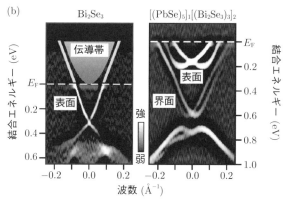

図 6.13 (a) Pb 系ホモロガス物質 $[(\text{PbSe})_5]_n[(\text{Bi}_2\text{Se}_3)_3]_m$ の結晶構造.(b) ARPES スペクトルを Bi$_2$Se$_3$ ($m=\infty$) と $m=2$ 試料で比較したもの.

成に成功している [92].

では実際に，この物質の電子状態を見てみよう．図 6.13(b) に示すように，Bi_2Se_3 に対応する $m = \infty$ の試料では X 字型のバンドが観測され，理想的なディラックコーンが結晶表面に現れていることがわかる．一方で $m = 2$ の試料では，ディラックコーン的なバンドが 2 本に分裂し，上部と下部ディラックコーンの間に大きなエネルギーギャップが開いていることがわかる [93]．このようなギャップは，結晶表面と 2QL Bi_2Se_3 の下の界面の両方にディラックコーンが存在し，それらの電子波動関数が重なり合って強く混成したために生じたと考えられる．同様のギャップは Bi_2Se_3 薄膜の膜厚が 6 QL よりも薄い領域でも観測されている [94]．以上のことは，Pb 系ホモロガス物質 ($m = 2$) では，PbSe ブロック層と Bi_2Se_3 の界面にもディラックコーンに由来するバンドが存在していることを意味している．すなわち，真空 ($Z_2 = 0$) の代わりに同じ Z_2 指数を持つ普通の絶縁体を持ってきても，トポロジカル原理（6.1 節を参照）からの期待通り，界面にディラックコーンが存在できることを示している．これらの界面ディラックコーンは Bi_2Se_3 ユニットが薄いために混成によってギャップが開いてしまっているが，Bi_2Se_3 を 6 QL 以上にすれば混成効果は無視できることが知られている [94, 95]．そのような状態では，無数の界面それぞれに Bi_2Se_3 の表面と同じようなギャップのないディラックコーンが存在していると考えられる．

トポロジカル絶縁体の表面ではなく界面でディラックコーンを生じさせる意義はいくつかある．例えば，Bi_2Se_3 のトポロジカル表面は大気中の様々な分子に対して敏感であり，大気中にしばらく曝しておくだけで，表面状態がトポロジカルに保護されているとは言っても，その状態は変化してしまう．一方で，界面ディラックコーンは，そもそも大気による汚染から保護されているため，表面変質・劣化の影響を受けない．また，普通のトポロジカル絶縁体ではバルクに埋もれて表面ディラック電子の寄与が弱すぎるというような状況でも，無数に存在する自然超格子の界面を利用することで，より巨大なディラック電子の応答を引き出すこともできる．トポロジカル絶縁体における超格子の開発はまだ未開拓であるが，ブロック層にも自由度を持たせる（例えば超伝導体や強磁性体などを用いる）ことで，さらに興味深い量子現象が発現するものと期待される．

6.4.4 ディラックコーンの実空間制御

トポロジカル絶縁体のデバイス化やトポロジカル超格子の開発において重要になるのが,**接合界面の電子状態**である.図 6.14 に示すように,トポロジカルな原理によれば,ディラックコーンは通常の絶縁体とトポロジカル絶縁体とを接合することによって生じる.その一方で,トポロジカル絶縁体どうしの接合界面では,ディラックコーンは存在しない.これらの違いは,Z_2 指数によって決まる.さらに,トポロジカル絶縁体と超伝導体との接合ではマヨラナフェルミオンを伴った **2 次元トポロジカル超伝導** が実現し [70],強磁性絶縁体との接合ではディラックコーンにエネルギーギャップを開ける [96,97] ことによって**トポロジカル電気磁気効果** [98,99] などが予測されている.このように,トポロジカル絶縁体と異種物質との接合界面の研究は,エキゾチックな量子現象の実現やデバイス応用の観点から重要である.これまでトポロジカル絶縁体と普通の絶縁体との接合については多くの研究が蓄積されているが,トポロジカル絶縁体と金属との接合についてはあまり例がない.この点について,**トポロジカル近接効果**という不思議な現象が見つかっているので,次に紹介する.

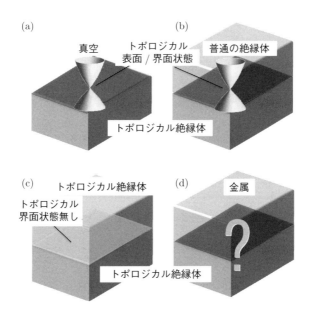

図 **6.14** トポロジカル絶縁体と異種物質の接合による界面状態.

トポロジカル絶縁体と金属の接合の例として，TlBiSe$_2$ と Bi 薄膜の接合を考える．Bi 薄膜は，2 原子層（1 バイレイヤー bilayer: 1 BL）単位で様々な基板の上に MBE 成長できることが知られている．普通の絶縁体である TlBiS$_2$ の上に 1BL Bi を成長させると，**ラシュバ分裂したホール的なバンドが現れる**（図 6.15(b)）[4)] [100]．TlBiS$_2$ 上の 1BL Bi が金属であることを反映して，このバンドは明確にフェルミ準位を切っている．ラシュバ分裂は，6.4.1 項で述べたように，結晶表面において空間反転対称性が破れたため，スピン軌道相互作用の効果でバンドがスピン分裂する現象である．ラシュバ分裂したバンドは，Au(111) のショックレー準位など重い元素を含む金属表面においてよく見られ，ディラックコーンと同様に，時間反転対称性が保持されている限りは時間反転対称点（例えばΓ点）におけるクラマース縮退が解けることはない．一方で，トポロジカ

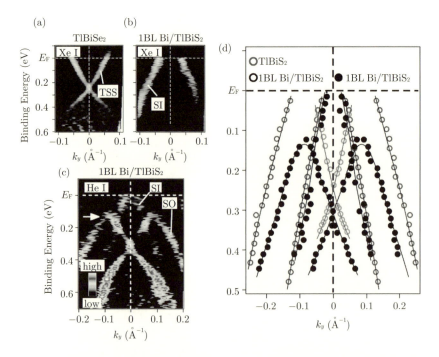

図 **6.15** (a)TlBiSe$_2$, (b)1BL Bi/TlBiS$_2$, (c)1BL Bi/TlBiSe$_2$ の ARPES 強度．(d) それぞれのバンド分散の比較．

[4)] 図にはラシュバ分裂した内側のバンドのみが表示されている．

ル絶縁体のディラックコーンとは異なり，ラシュバ分裂バンドは価電子帯と伝導帯をつなぐような分散を示す必要はない．

ここで，ただの絶縁体 TlBiS$_2$ の代わりに，トポロジカル絶縁体 TlBiSe$_2$ を Bi と接合させるとどうなるだろうか？お互いのバンドが独立に存在するならば，観測されるバンド分散は，TlBiSe$_2$ の X 字型バンド（図 6.15(a)）と Bi のホール型バンド（図 6.15(b)）を単純に足し合わせたようなものになると期待される．しかし，実際のデータを見ると，ディラックコーン的なバンドはフェルミ準位に到達せずに折り返している（図 6.15(c)）．さらに図 6.15(d) のように，このバンドは Γ 点から離れた波数領域において Bi 由来のバンドに漸近している（図中矢印）ことから，TlBiSe$_2$ 由来の上部ディラックコーンが Bi 薄膜のラシュバ分裂バンドと強く混成していることがわかる．

これらの振る舞いは，スピンに依存したバンド混成によって説明できる．図 6.16(a) に示すように，ラシュバ分裂した Bi バンドと TlBiSe$_2$ のディラックコーンは，時計回りまたは反時計回り（図中に黒と灰色のバンドでそれぞれ示す）のスピンテクスチャを持つ [100]．バンドどうしが混成を起こすためには 2 つの状態のスピン固有値が一致する必要があるが，上部ディラックコーンと外側の Bi バンドはいずれも時計回りのスピンテクスチャを持つことから，この条件を満たしている．この混成効果により，もともと X 字型をしていたディラックコーンの上部は高結合エネルギー側に折り返すと同時に，外側の Bi バンドの一部は非占有側に押し上げられる．すなわち，スピン選択的なバンド混成の結果，図

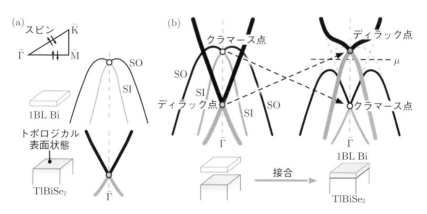

図 6.16　1BL Bi と TlBiSe$_2$ の接合におけるバンド図．

6.16(b) に示すように，1BL Bi と TlBiSe$_2$ の接合界面は，1) 接合前のディラックコーンの縮退点（ディラック点）の位置でクラマース縮退するラシュバ型バンド（細線）と，2) 接合前のラシュバ型バンドのクラマース点の位置にディラック点を持つディラックコーン的なバンド（太線），の2種類のバンドからなる．

第一原理バンド計算の結果から，新しくできたディラックコーンは主に 1BL Bi の軌道から構成されることがわかっている．図 6.16 のバンドの概念図とあわせて考えると，TlBiSe$_2$ と 1BL Bi との接合による強いバンド混成の結果，ディラックコーンが TlBiSe$_2$ の表面から 1BL Bi に"移動した"と考えることができる．この現象は，トポロジカル絶縁体を金属に近接させてはじめて起こることから，「トポロジカル近接効果」と呼べるものである．この結果は，トポロジカル絶縁体のディラック電子は表面に束縛されて結晶外に取り出せないという常識を覆すものであり，トポロジカル表面状態を実空間で操作するという新しい考え方を提案するものである．トポロジカル近接効果は，スピン軌道相互作用の強い金属だけでなく，一般の金属でも発現すると考えられる．応用の観点からは，トポロジカル近接効果によってスピントロニクスでよく使われる"普通"の金属にトポロジカルな性質を付与することで，高い伝導チャンネルの実現などといった性能向上が狙える可能性がある．

6.5　様々なトポロジカル物質

トポロジカル絶縁体の発見後，トポロジカル結晶絶縁体，トポロジカル半金属など，トポロジカル絶縁体とは性質が異なる新しいトポロジカル物質が数多く見つかっている．この節では，そのようなトポロジカル物質について紹介する．なお，トポロジカル超伝導体も，超伝導ギャップというエネルギーギャップが開いているため絶縁体と同じようにトポロジーを規定することができる興味深い研究対象であるが，本書の範囲を超えているので他書に譲ることにする．

6.5.1　トポロジカル結晶絶縁体

トポロジカル絶縁体は，時間反転対称性によって保護された表面/エッジ状態を持ち，Z_2 指数によって特徴付けられるが，近年，時間反転対称性以外の対称性，具体的には結晶格子の持つ**点群対称性**によって保護された表面・エッジ状

態を持つ新しい種類のトポロジカル物質の探索が精力的に行われている．このような物質は**トポロジカル結晶絶縁体** (Topological Crystalline Insulator: TCI) と呼ばれ，これまでに，結晶の持つ回転対称性（4回対称 C_4, 6回対称 C_6）と鏡映対称性についてトポロジカル普遍量の具体的な表式が与えられている [101]．その中でも，大きな注目を集めているのが，SnTe である．SnTe は 40 年以上前から半導体分野で研究がされてきた歴史のある物質である．2012 年，Hsieh らによって，この物質が鏡映対称性によって保護された表面状態を持つトポロジカル結晶絶縁体であることが理論的に予言 [102] されて以来，トポロジカル結晶絶縁体の探索や物性研究が精力的に行われている [103–105]．

SnTe は，バンド計算から得られる Z_2 指数は $(0; 0,0,0)$ となり，自明な（普通の）絶縁体に分類される．これは，図 6.17 に示す面心立方格子 (fcc) のブリルアンゾーンにおいて時間反転対称点である偶数個（4つ）の L 点でバンド反転が生じたためである．一方で，ミラーチャーン数 n_M という結晶の鏡映操作に関係したトポロジカル指数は有限の整数値 ($n_M = -2$) をとる．このことは，表面バンドの縮退が結晶の鏡映面では解けない，つまり表面バンドにおけるディラックコーンが鏡映対称性によって保護されることに対応している．SnTe におけるバンド計算では，(100) 面において 2 つのバルクの L 点が同時に表面の $\bar{X}$ 点[5)]に投影されるため，$\bar{X}$ 点を挟んで 2 つのディラックコーン構造が現れることが予想されている．

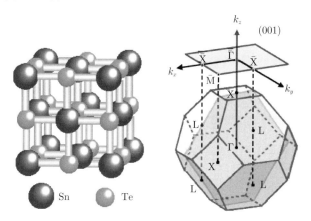

図 6.17 トポロジカル結晶絶縁体 SnTe の結晶構造とブリルアンゾーン．

[5)] 上付の棒は，表面ブリルアンゾーン上の点であることを意味するための添字である．

図 6.18(a) に，ARPES で決定した (100) 面における SnTe のフェルミ面を示す [103]．フェルミ面は，$\bar{\text{X}}$ 点から少し離れたところに強度の最大値を持つようなダンベルのような形をしていることがわかる．ダンベルと平行方向（(110) 鏡映軸：$\overline{\Gamma\text{X}}$ 方向）にバンド分散を測定すると，ディラックコーンが 2 つつながったような M 字型のバンドが観測される（図 6.18(b)）．一方で，ダンベルと垂直方向の測定では，ただ 1 つの Λ 字型の分散が現れる（図 6.18(c)）．この結果は，SnTe の $\bar{\text{X}}$ 点近傍では **2 重のディラックコーン構造**が存在し，理論の予測通り (110) 鏡映面において表面バンドの縮退が残っていることを示している．この実験から，SnTe がトポロジカル結晶絶縁体であることが実証された．また実験によって，同族の PbTe では表面状態はまったく観測されないこともわかった．これは，$\text{Pb}_{1-x}\text{Sn}_x\text{Te}$ 固溶系でトポロジカル量子相転移が起こることを意味している．実際，相転移に伴って $x \sim 0.25$ でバンドギャップが一旦閉じる振る舞いが ARPES によって観測されている [106]．すなわち，バルクバンドの反転を伴った量子相転移は，トポロジカル原理から期待される通り，トポロジカル結晶絶縁体においても実現しているのである．

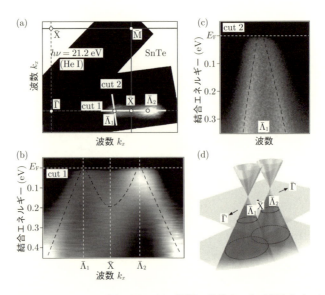

図 **6.18** SnTe の (a) フェルミ面．(b)，(c) 2 種類の波数カットで測定したバンド分散．(d) 2 重ディラックコーンの模式図．

6.5 様々なトポロジカル物質

トポロジカル絶縁体とトポロジカル結晶絶縁体にはいくつかの違いがある．例えば，Bi_2Se_3 では表面ブリルアンゾーンに奇数個（1 個）のディラックコーンが現れるのに対して，SnTe の場合は偶数個（4 個）となる．また，SnTe(100) 表面のディラックコーンにギャップを開けるためには，電場印加や一軸圧力印加などで鏡映対称性を破る必要がある．トポロジカル絶縁体とは異なり，磁性不純物添加や磁場印加によって時間反転対称性を破った場合でも，ディラックコーンにギャップが開く必要がない．今後，トポロジカル結晶絶縁体の特性を利用した新しいデバイスの開発や，トポロジカル結晶絶縁体の2次元版である**2次元トポロジカル結晶絶縁体**，トポロジカル結晶絶縁体の超伝導版である**トポロジカル結晶超伝導体**の探索も進むと期待される．

6.5.2 トポロジカル半金属の種類

前節までは，基盤となるバルク物質にエネルギーギャップがある絶縁体を扱ったが，バルクバンドにギャップがない半金属においてもトポロジカル物質相の存在が予測され，注目を集めている．このような半金属は**トポロジカル半金属**と呼ばれている．トポロジカル半金属にはいくつかの種類がある．トポロジカル絶縁体と同じ奇の Z_2 指数で定義できるもののバンドギャップが負になっていてホールキャリアと電子キャリアが補償されている半金属のことをトポロジカル半金属と呼ぶこともあるが，その物理はトポロジカル絶縁体と基本的に同じである．多くの研究者は基本的にトポロジカルな性質を持つゼロギャップ半導体をトポロジカル半金属と呼んでいる．トポロジカル半金属は，伝導帯と価電子帯が交差するエネルギー縮退点の電子構造によって，3 つの異なる物質相，**ディラック半金属**，**ワイル半金属**，**線ノード半金属**に分類できる [107]．ディラック

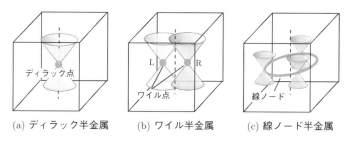

(a) ディラック半金属　　(b) ワイル半金属　　(c) 線ノード半金属

図 6.19 トポロジカル半金属の分類．(a) ディラック半金属，(b) ワイル半金属，(c) 線ノード半金属．

半金属では，バルクバンドが運動量空間の1点（ディラック点）でのみ縮退する（図 6.19(a)）．また，ワイル半金属は，ディラック半金属において時間反転対称性あるいは空間反転対称性を破ることで得られ，スピン分裂したバルクバンドにおいて孤立した縮退点が必ずペアで現れる（図 6.19(b)）．一方，線ノード半金属はこれらの半金属と異なり，縮退点が連続した，線状（1次元）のフェルミ面が形成される（図 6.19(c)）．

6.5.3 ディラック半金属

3次元のトポロジカル絶縁体やトポロジカル結晶絶縁体では，表面で2次元的なディラックコーン分散が現れるのに対して，ディラック半金属は，バルクバンド自体がディラックコーン分散を示す．すなわち，このディラックコーンは3次元空間の全方向の運動量 (k_x, k_y, k_z) において線形なエネルギー分散となる．この意味で，2次元のディラックコーンを持つグラフェンと区別して，**3次元ディラック半金属**と呼ぶこともある．ディラック半金属の特徴的な物性として，高移動度，巨大反磁性，非飽和直線磁気抵抗などが挙げられる．グラフェンと同様に線形なディラック型バンド分散が形成されることから，次世代の超高速・低消費電力のエレクトロニクス，およびスピントロニクス応用への高いポテンシャルがある．

ディラック半金属相は，6.3節で述べたように，トポロジカル量子相転移点において実現できることが知られており，トポロジカル絶縁体の固溶系 TlBi$(S_{1-x}Se_x)_2$ の $x = 0.5$ (TlBiSSe) がディラック半金属に分類される．同様に，トポロジカル結晶絶縁体固溶系 Pb$_{1-x}$Sn$_x$Te の $x \sim 0.25$ [106] もディラック半金属となる．トポロジカル量子相転移を利用してディラック半金属を実現するためには，精密な組成制御が必要であり，少しでも予定の組成から外れてしまうと，バルクバンドに有限のエネルギーギャップが開いてしまってトポロジカル絶縁体か通常の微小ギャップ半導体になってしまう．この意味で，これらのディラック半金属は**不安定なディラック半金属**とも呼ばれる．

この問題をクリアしたのが，量子相転移を必要としない**安定なディラック半金属**である．よく知られるのが，Na$_3$Bi と Cd$_3$As$_2$（図 6.20）である [108, 109]．これらの物質のディラックコーンは，それぞれの結晶の持つ C$_3$ または C$_4$ の回転対称性によって保護されており，Γ 点から少し離れた回転軸（k_z 軸）上にディラック点が存在することが3次元ブリルアンゾーン全空間を走査した放射

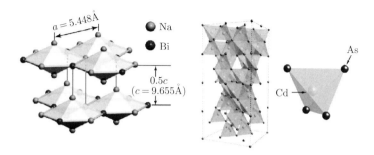

図 6.20 ディラック半金属 Na_3Bi と Cd_3As_2 の結晶構造.

光を用いた ARPES 測定によって明らかになっている [110–112]. トポロジカル絶縁体と違って，ディラック半金属のディラックコーンはスピン縮退したバンドによって形成される．すなわち，バルクバンドにはスピンテクスチャはなく，ディラック点においてバンドが4重縮退していることになる．

6.5.4　ワイル半金属

ディラック半金属におけるバルクバンドの縮退を，空間反転対称性あるいは時間反転対称性を破ることによって解いた場合に，ワイル半金属相が実現できることが知られている．ワイル半金属中の電子は，**ワイル粒子**のように振る舞うと考えられている．ワイル粒子とは，ディラック方程式において質量をゼロとしたときに得られるフェルミ粒子であり，光速で移動する粒子として 1929 年に提唱されたが，素粒子として実証された例は未だない．ワイル粒子にはトポロジカルな性質があり，**カイラリティ**（スピンと粒子の運動方向が平行か反平行かを表す指標）の符号の異なる2つの粒子がペアで発現する．このワイル粒子が物質内に生成されているのがワイル半金属であり，その理論的提案が相次いでいる．

図 6.21 に示すように，ワイル半金属では，スピン縮退の解けたバルクの3次元ディラックコーン（ワイルコーン）が必ずペアで存在し，バンドの縮退点は**ワイルノード**あるいは**ワイル点**と呼ばれ，その縮退がバルクバンドのトポロジーによって保護されている．ワイルノードのペアは，波数空間におけるベリー曲率のモノポールとアンチモノポールとして働き，これは，ワイル点近傍の運動量空間において電子が見かけ上感じる磁場が湧き出す点と吸い込まれる点と直感的に考えればよい．このときのカイラリティはそれぞれ正と負になる．ワイ

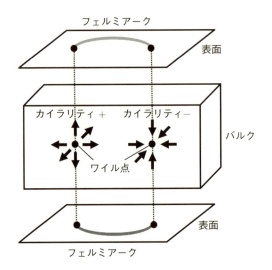

図 6.21　ワイル半金属におけるワイルノードとフェルミアーク.

ルノードのペアは，お互いが接近して対消滅したり，ワイルノード間で強い散乱を引き起こさない限り，極めて安定に存在する．ワイルノードの持つ特殊な性質は**カイラル異常**として知られ，負の磁気抵抗，異常ホール効果，カイラル磁気異常といったディラック半金属とは違った物性を引き起こすことが理論的に予言されている．

ワイル半金属の大きな特徴は，**フェルミアーク**とよばれる表面状態である．通常金属表面では閉じた形のフェルミ面が観測されるが，ワイル半金属におけるフェルミアークは開いており，アークの始点と終点は正負のカイラリティを持つバルクのワイルノードの波数空間での位置を表面に投影した点になる（図6.21）．このフェルミアークの出現は，バルク状態が持つ非自明なトポロジーを反映したバルク–エッジ対応の結果として生じるため，結晶表面の状態にかかわらず，その始点と終点の位置は変化しないと期待される．

このような特徴的な電子状態を持つワイル半金属が最初に理論的に予言されたのは 2011 年である [113]．Wan らは第一原理計算によってパイロクロア型イリジウム酸化物である $Y_2Ir_2O_7$ が，反強磁性相で時間反転対称性を破ることでワイル半金属相になると予測した．計算では，第一ブリルアンゾーン内でワイルノードが 24 個も存在するため，フェルミアークも複雑な形状をとることが予

想された.しかし現時点では,ARPESからこのイリジウム酸化物がワイル半金属相であると実証されてはいない.

時間反転対称性が破れたワイル半金属の同定に先んじて,**空間反転対称性が破れたワイル半金属**の研究が進んでいる.その候補として提案され多くのARPES実験が報告された系が,空間反転対称性が破れた結晶構造を持つ遷移金属モノプニクタイド TaAs, TaP, NbAs, NbP である(図 6.22(a)).この系では,理論予測の論文 [114, 115] がプレプリントサーバーにポストされるや否や,1 月以内に複数のグループから TaAs についての ARPES 結果が報告された.その後も,TaAs 以外の化合物を含めて,その ARPES 実験の報告が次々にされている [116–119].この物質の特徴は,ブリルアンゾーンに 12 個のワイルノードのペアが現れることである(図 6.22(b)).これらのワイルノードは,表面ブリルアンゾーンの $\bar{\mathrm{X}}$ 点のすぐ近傍で $k_z = 0$ に位置する 1 組のペア W1 と,中途半

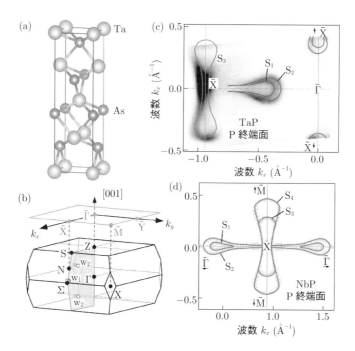

図 6.22 TaAs 系の (a) 結晶構造と (b) ブリルアンゾーン.(c)TaP における P 終端面のフェルミ面.(d)NbP における P 終端面のフェルミアークとワイルノードとの関係.

端な k_z に位置し $\overline{\Gamma X}$ 方向の中間に位置する 2 組のペア W2 からなる．ディラック半金属である Na_3Bi や Cd_3As_2 と同様に，放射光 ARPES を用いてバルクのワイルノードの分散が調べられている．

この系のフェルミアーク表面状態は複雑である．例えば，図 6.22(c) に示す TaP の P 終端面においては $\overline{X}$ 点中心に 2 枚のプロペラ形状をしたフェルミ面が観測される．このようなプロペラ形状のフェルミ面は，TaP だけでなく，TaAs，NbAs，NbP にも共通して観測されている．一方で，観測されたフェルミ面のどの部分がフェルミアークで，それがどのようにワイルノードにつながるかは，いくつかの可能性がありグループによって解釈のばらつきがある．図 6.22(d) には，NbP における ARPES から得られたプロペラ形状のフェルミ面（フェルミアーク）とワイルノードの接続性として考えられる可能性の一例を示した．フェルミアークを考える上で重要な点は，(1) フェルミアークは必ずカイラリティが正と負を持ったワイルノードどうしをつなぎ，(2) 一個のワイルノードから複数のフェルミアークが出ることはない，ということである．図 6.22(d) のフェルミ面は，その条件を満たしている．

6.5.5 線ノード半金属

ディラック半金属やワイル半金属に続く新しい種類の半金属として注目されているのが，**線ノード半金属**である．線ノード半金属は文字通り伝導帯と価電子帯が"線"で接触する．線ノードを実現するためには，線ノードを含む運動量空間上の 2 次元的平面におけるバンドが何らかの対称性によって保護されている必要がある．そのような対称性の候補として挙げられるのが**鏡映対称性**であり，鏡映対称性によって保護された線ノード半金属相が理論的に予測され始めている．また，結晶の持つ点群対称性に並進対称性を組み合わせた**ノンシンモルフィック** (non-symmorphic) な対称性によって保護された線ノードを持つ半金属もその存在が予想されている．このような対称性の例としては，並進対称性と回転対称性を組み合わせた**らせん対称性**や，並進対称性と鏡映対称性を組み合わせた**グライド鏡映対称性**がある．例えば，CaAgP（鏡映対称性）[120]，ZrSiO（グライド鏡映対称性）[121] などが提案されており，精力的に研究が進められている．

参考文献

[1] H. Hertz: Annal. Physik **31** (1887) 983.
[2] A. Einstein: Annal. Physik **17** (1905) 132.
[3] 高橋隆,「光電子固体物性」朝倉書店 (2011).
[4] 藤森淳,「強相関物質の基礎」内田老鶴圃 (2005).
[5] M. Cardona and L. Ley, *Photoemission in Solids I and II*, Springer-Verlag (1978).
[6] S. Hüfner, *Photoelectron Spectroscopy*, Springer (2003).
[7] S. Hüfner, *Very High Resolution Photoelectron Spectroscopy*, Springer (2007).
[8] S. Souma, T. Sato, T. Takahashi, and P. Baltzer: Rev. Sci. Instrum. **78** (2007) 123104.
[9] S. Souma, A. Takayama, K. Sugawara, T. Sato, and T. Takahashi: Rev. Sci. Instrum. **81** (2010) 095101.
[10] H. Kamerlingh Onnes: Comm. Phys. Lab. Univ. Leiden **119** (1911) 120.
[11] J. Bardeen, L. N. Cooper, and J. R. Schrieffer: Phys. Rev. **108** (1957) 1175.
[12] J. G. Bednorz and K. A. Müller: Z. Physik B **64** (1986) 189.
[13] T. Takahashi, H. Matsuyama, H. Katayama-Yoshida, Y. Okabe, S. Hosoya, K. Seki, H. Fujimoto, M. Sato, and H. Inokuchi: Nature **334** (1988) 691.
[14] H. M. Fretwell, A. Kaminski, J. Mesot, J. C. Campuzano, M. R. Norman, M. Randeria, T. Sato, R. Gatt, T. Takahashi, and K. Kadowaki: Phys. Rev. Lett. **84** (2000) 4449.
[15] T. Sato, H. Matsui, S. Nishina, T. Takahashi, T. Fujii, T. Watanabe, and A. Matsuda: Phys. Rev. Lett. **89** (2002) 067005.

[16] H. Matsui, T. Sato, T. Takahashi, H. Ding, H.-B. Yang, S.-C. Wang, T. Fujii, T. Watanabe, A. Matsuda, T. Terashima, and K. Kadowaki: Phys. Rev. B **67** (2003) 060501.

[17] H. Matsui, K. Terashima, T. Sato, T. Takahashi, M. Fujita, and K. Yamada: Phys. Rev. Lett. **95** (2005) 017003.

[18] H. Ding, T. Yokoya, J. C. Campuzano, T. Takahashi, M. Randeria, M. R. Norman, T. Mochiku, K. Kadowaki, and J. Giapintzakis: Nature **382** (1996) 51.

[19] M. R. Norman, H. Ding, M. Randeria, J. C. Campuzano, T. Yokoya, T. Takeuchi, T. Takahashi, T. Mochiku, K. Kadowaki, P. Guptasarma, and D. G. Hinks: Nature **392** (1998) 157.

[20] K. Nakayama, T. Sato, Y.-M. Xu, Z.-H. Pan, P. Richard, H. Ding, H.-H. Wen, K. Kudo, T. Sasaki, N. Kobayashi, and T. Takahashi: Phys. Rev. B **83** (2011) 224509.

[21] L. Gao, Y. Y. Xue, F. Chen, Q. Xiong, R. L. Meng, D. Ramirez, C. W. Chu, J. H. Eggert, and H. K. Mao: Phys. Rev. B **50** (1994) 4260(R).

[22] M. Monteverde, C. Acha, M. Núñez-Regueiro, D. A. Pavlov, K. A. Lokshin, S. N. Putilin, and E. V. Antipov: Europhys. Lett. **72** (2005) 458.

[23] J. Nagamatsu, N. Nakagawa, T. Muranaka, Y. Zenitani, and J. Akimitsu: Nature **410** (2001) 63.

[24] S. Souma, Y. Machida, T. Sato, T. Takahashi, H. Matsui, S.-C. Wang, H. Ding, A. Kaminski, J. C. Campuzano, S. Sasaki, and K. Kadowaki: Nature **423** (2003) 65.

[25] S. Tsuda, T. Yokoya, Y. Takano, H. Kito, A. Matsushita, F. Yin, J. Itoh, H. Harima, and S. Shin: Phys. Rev. Lett. **91** (2003) 127001.

[26] Y. Kamihara, H. Hiramatsu, M. Hirano, R. Kawamura, H. Yanagi, T. Kamiya, and H. Hosono: J. Am. Chem. Soc. **128** (2006) 10012.

[27] Y. Kamihara, T. Watanabe, M. Hirano, and H. Hosono: J. Am. Chem. Soc. **130** (2008) 3296.

[28] H. Kito, H. Eisaki, and A. Iyo: J. Phys. Soc. Jpn. **77** (2008) 063707.

[29] Z.-A. Ren, W. Lu, J. Yang, W. Yi, X.-L. Shen, Z.-C. Li, G.-C. Che, X.-L. Dong, L.-L. Sun, F. Zhou, and Z.-X. Zhao: Chin. Phys. Lett. **25** (2008)

2215.

[30] C. Wang, L. Li, S. Chi, Z. Zhu, Z. Ren, Y. Li, Y. Wang, X. Lin, Y. Luo, S. Jiang, X. Xu, G. Cao, and Z. Xu: Europhys. Lett. **83** (2008) 67006.

[31] Q.-Y. Wang, Z. Li, W.-H. Zhang, Z.-C. Zhang, J.-S. Zhang, W. Li, H. Ding, Y.-B. Ou, P. Deng, K. Chang, J. Wen , C.-L. Song, K. He, J.-F. Jia, S.-H. Ji, Y.-Y. Wang, L. Wang, X. Chen, X.-C. Ma, and Q.-K. Xue: Chin. Phys. Lett. **29** (2012) 037402.

[32] M. Rotter, M. Pangerl, M. Tegel, and D. Johrendt: Angew. Chem., Int. Ed. **47** (2008) 7949.

[33] C. de la Cruz, Q. Huang, J. W. Lynn, Jiying Li, W. Ratcliff II, J. L. Zarestky, H. A. Mook, G. F. Chen, J. L. Luo, N. L. Wang, and P. Dai: Nature **453** (2008) 899.

[34] D. J. Singh and M.-H. Du: Phys. Rev. Lett. **100** (2008) 237003.

[35] P. Richard, K. Nakayama, T. Sato, M. Neupane, Y.-M. Xu, J. H. Bowen, G. F. Chen, J. L. Luo, N. L. Wang, X. Dai, Z. Fang, H. Ding, and T. Takahashi: Phys. Rev. Lett. **104** (2010) 137001.

[36] T. Morinari, E. Kaneshita, and T. Tohyama: Phys. Rev. Lett. **105** (2010) 037203.

[37] K. K. Huynh, Y. Tanabe, and K. Tanigaki: Phys. Rev. Lett. **106** (2011) 217004.

[38] K. Kuroki, S. Onari, R. Arita, H. Usui, Y. Tanaka, H. Kontani, and H. Aoki: Phys. Rev. Lett. **101** (2008) 087004.

[39] H. Ding, P. Richard, K. Nakayama, K. Sugawara, T. Arakane, Y. Sekiba, A. Takayama, S. Souma, T. Sato, T Takahashi, Z. Wang, X. Dai, Z. Fang, G. F. Chen, J. L. Luo, and N. L. Wang: Europhys. Lett. **83** (2008) 47001.

[40] K. Umezawa, Y. Li, H. Miao, K. Nakayama, Z.-H. Liu, P. Richard, T. Sato, J. B. He, D.-M. Wang, G. F. Chen, H. Ding, T. Takahashi, and S.-C. Wang: Phys. Rev. Lett. **108** (2012) 037002.

[41] K. Okazaki, Y. Ota, Y. Kotani, W. Malaeb, Y. Ishida, T. Shimojima, T. Kiss, S. Watanabe, C.-T. Chen, K. Kihou, C. H. Lee, A. Iyo, H. Eisaki, T. Saito, H. Fukazawa, Y. Kohori, K. Hashimoto, T. Shibauchi, Y. Mat-

suda, H. Ikeda, H. Miyahara, R. Arita, A. Chainani, and S. Shin: Science **337** (2012) 1314.

[42] T. Yoshida, S. Ideta, T. Shimojima, W. Malaeb, K. Shinada, H. Suzuki, I. Nishi1, A. Fujimori, K. Ishizaka, S. Shin, Y. Nakashima, H. Anzai, M. Arita, A. Ino, H. Namatame, M. Taniguchi, H. Kumigashira, K. Ono, S. Kasahara, T. Shibauchi, T. Terashima, Y. Matsuda, M. Nakajima, S. Uchida, Y. Tomioka, T. Ito, K. Kihou, C. H. Lee, A. Iyo, H. Eisaki, H. Ikeda, R. Arita, T. Saito, S. Onari, and H. Kontani: Sci. Rep. **4** (2014) 7292.

[43] H. Kontani and S. Onari: Phys. Rev. Lett. **104** (2010) 157001.

[44] M. Sato, Y. Kobayashi, S. C. Lee, H. Takahashi, E. Satomi, and Y. Miura: J. Phys. Soc. Jpn. **79** (2010) 014710.

[45] Y. Nakajima, T. Taen, Y. Tsuchiya, T. Tamegai, H. Kitamura, and T. Murakami: Phys. Rev. B **82** (2010) 220504(R).

[46] Y. Miyata, K. Nakayama, K. Sugawara, T. Sato, and T. Takahashi: Nature Mater. **14** (2015) 775.

[47] W.-H. Zhang, Y. Sun, J.-S. Zhang, F.-S. Li, M.-H. Guo, Y.-F. Zhao, H.-M. Zhang, J.-P. Peng, Y. Xian, H.-C. Wang, T. Fujita, A. Hirata, Z. Li, H. Ding, C.-J. Tang, M. Wang, Q.-Y. Wang, K. He, S.-H. Ji, X. Chen, J.-F. Wang, Z.-C. Xian, L. Li, Y.-Y. Wang, J. Wang, L.-L. Wang, M.-W. Chen, Q.-K. Xue, and X.-C. Ma: Chin. Phys. Lett. **31** (2014) 017401.

[48] Y. Sun, W. Zhang, Y. Xing, F. Li, Y. Zhao, Z. Xia, L. Wang, X. Ma, Q.-K. Xue, and J. Wang: Sci. Rep. **4** (2014) 6040.

[49] Z. Zhang, Y. Wang, Q. Song, C. Liu, R. Peng, K. A. Moler, D. Feng, and Y. Wang: Science Bulletin **60** (2015) 1301.

[50] S. He, J. He, W. Zhang, L. Zhao, D. Liu, X. Liu, D. Mou, Y.-B. Ou, Q.-Y. Wang, Z. Li, L. Wang, Y. Peng, Y. Liu, C. Chen, L. Yu, G. Liu, X. Dong, J. Zhang, C. Chen, Z. Xu, X. Chen, X. Ma, Q. Xue, and X. J. Zhou: Nature Mater. **12** (2013) 605.

[51] S. Tan, Y. Zhang, M. Xia, Z. Ye, F. Chen, X. Xie, R. Peng, D. Xu, Q. Fan, H. Xu, J. Jiang, T. Zhang, X. Lai, T. Xiang, J. Hu, B. Xie, and D. Feng: Nature Mater. **12** (2013) 634.

[52] J.-F. Ge, Z.-L. Liu, C. Liu, C.-L. Gao, D. Qian, Q.-K. Xue, Y. Liu, and J.-F. Jia: Nature Mater. **14** (2015) 285.

[53] J. J. Lee, F. T. Schmitt, R. G. Moore, S. Johnston, Y.-T. Cui, W. Li, M. Yi, Z. K. Liu, M. Hashimoto, Y. Zhang, D. H. Lu, T. P. Devereaux, D.-H. Lee, and Z.-X. Shen: Nature **515** (2014) 245.

[54] K. Nakayama, Y. Miyata, G. N. Phan, T. Sato, Y. Tanabe, T. Urata, K. Tanigaki, and T. Takahashi: Phys. Rev. Lett. **113** (2014) 237001.

[55] A. K. Geim and K. S. Novoselov: Nature Mater. **6** (2007) 183.

[56] K. Sugawara, T. Sato, K. Kanetani, and T. Takahashi: J. Phys. Soc. Jpn. **80** (2011) 024705.

[57] S. Ichinokura, K. Sugawara, A. Takayama, T. Takahashi, and S. Hasegawa: ACS Nano **10** (2016) 2761.

[58] K. Kanetani, K. Sugawara, T. Sato, R. Shimizu, K. Iwaya, T. Hitosugi, and T. Takahashi: Proc. Natl. Acad. Sci. **109** (2012) 19610.

[59] P. Vogt, P. De Padova, C. Quaresima, J. Avila, E. Frantzeskakis, M. C. Asensio, A. Resta, B. Ealet, and G. L. Lay: Phys. Rev. Lett. **108** (2012) 155501.

[60] D. Tsoutsou, E. Xenogiannopoulou, E. Golias, P. Tsipas, and A. Dimoulas: Appl. Phys. Lett. **103** (2013) 231604.

[61] K. Sugawara, E. Noguchi, T. Sato, and T. Takahashi: J. Electron Spectrosc. Relat. Phenom., *in press*.

[62] R. Suzuki, M. Sakano, Y. J. Zhang, R. Akashi, D. Morikawa, A. Harasawa, K. Yaji, K. Kuroda, K. Miyamoto, T. Okuda, K. Ishizaka, R. Arita and Y. Iwasa: Nature Nanotech. **9** (2014) 611.

[63] K. Sugawara, T. Sato, Y. Tanaka, S. Souma, and T. Takahashi: Appl. Phys. Lett. **107** (2015) 071601.

[64] D. Xiao, G.-B. Liu, W. Feng, X. Xu, and W. Yao: Phys. Rev. Lett. **108** (2012) 196802.

[65] Y. T. Ye, Y. J. Zhang, R. Akashi, M. S. Bahramy, R. Arita, and Y. Iwasa: Science **30** (2012) 1193.

[66] J. E. Moore and L. Balentz: Phys. Rev. B **75** (2007) 121306(R).

[67] L. Fu, C. L. Kane, and E. J. Mele: Phys. Rev. Lett. **98** (2007) 106803.

[68] Y. Ando: J. Phys. Soc. Jpn. **82** (2013) 102001.

[69] C. L. Kane and E. J. Mele: Science **1692** (2006) 314.

[70] L. Fu and C. L. Kane: Phys. Rev. Lett. **100** (2008) 096407.

[71] B. A. Bernevig, T. L. Hughes, and S.-C. Zhang: Science **314** (2006) 1757.

[72] M. König, S. Wiedmann, C. Brüne, A. Roth, H. Buhmann, L. W. Molenkamp, X.-L. Qi, and S.-C. Zhang: Science **318** (2007) 766.

[73] D. Hsieh, D. Qian, L. Wray, Y. Xia, Y. S. Hor, R. J. Cava, and M. Z. Hasan: Nature **452** (2008) 970.

[74] Y. Xia, D. Qian, D. Hsieh, L. Wray, A. Pal, H. Lin, A. Bansil, D. Grauer, Y. S. Hor, R. J. Cava, and M. Z. Hasan: Nature Phys. **398** (2009) 5.

[75] Y. L. Chen, J. G. Analytis, J.-H. Chu, Z. K. Liu, S.-K. Mo, X. L. Qi, H. J. Zhang, D. H. Lu, X. Dai, Z. Fang, S. C. Zhang, I. R. Fisher, Z. Hussain, and Z.-X. Shen: Science **178** (2009) 325.

[76] T. Sato, K. Segawa, H. Guo, K. Sugawara, S. Souma, T. Takahashi, and Y. Ando: Phys. Rev. Lett. **105** (2010) 136802.

[77] K. Kuroda, M. Ye, A. Kimura, S. V. Eremeev, E. E. Krasovskii, E. V. Chulkov, Y. Ueda, K. Miyamoto, T. Okuda, K. Shimada, H. Namatame, and M. Taniguchi: Phys. Rev. Lett. **105** (2010) 146801.

[78] Y. L. Chen, Z. K. Liu, J. G. Analytis, J.-H. Chu, H. J. Zhang, B. H. Yan, S.-K. Mo, R. G. Moore, D. H. Lu, I. R. Fisher, S. C. Zhang, Z. Hussain, and Z.-X. Shen: Phys. Rev. Lett. **105** (2010) 266401.

[79] 安藤陽一, 「トポロジカル絶縁体入門」講談社 (2014).

[80] 齊藤英治・村上修一, 「スピン流とトポロジカル絶縁体」共立出版 (2014).

[81] 野村健太郎, 「トポロジカル絶縁体・超伝導体」丸善出版 (2016).

[82] S. Souma, K. Kosaka, T. Sato, M. Komatsu, A. Takayama, T. Takahashi, M. Kriener, K. Segawa, and Y. Ando: Phys. Rev. Lett. **106** (2011) 216803.

[83] M. Nomura, S. Souma, A. Takayama, T. Sato, T. Takahashi, K. Eto, K. Segawa, and Y. Ando: Phys. Rev. B **89** (2014) 045134.

[84] T. Sato, K. Segawa, K. Kosaka, S. Souma, K. Nakayama, K. Eto, T. Minami, Y. Ando, and T. Takahashi: Nature Phys. **7** (2011) 840.

[85] S.-Y. Xu, Y. Xia, L. A. Wray, S. Jia, F. Meier, J. H. Dil, J. Osterwalder,

B. Slomski, A. Bansil, H. Lin, R. J. Cava, and M. Z. Hasan: Science **332** (2011) 560.

[86] C.-Z. Chang, J. Zhang, X. Feng, J. Shen, Z. Zhang, M. Guo, K. Li, Y. Ou, P. Wei, L. Wang, Z.-Q. Ji, Y. Feng, S. Ji, X. Chen, J. Jia, X. Dai, Z. Fang, S.-C. Zhang, K. He, Y. Wang, L. Lu, X.-C. Ma, and Q.-K. Xue: Science **340** (2013) 167.

[87] J. G. Checkelsky, R. Yoshimi, A. Tsukazaki, K. S. Takahashi, Y. Kozuka, J. Falson, M. Kawasaki, and Y. Tokura: Nature Phys. **10** (2014) 731.

[88] Z. Ren, A. A. Taskin, S. Sasaki, K. Segawa, and Y. Ando: Phys. Rev. B **84** (2011) 165311.

[89] T. Arakane, T. Sato, S. Souma, K. Kosaka, K. Nakayama, M. Komatsu, T. Takahashi, Z. Ren, K. Segawa, and Y. Ando: Nature Commun. **3** (2012) 636.

[90] K. Kuroda, G. Eguchi, K. Shirai, M. Shiraishi, M. Ye, K. Miyamoto, T. Okuda, S. Ueda, M. Arita, H. Namatame, M. Taniguchi, Y. Ueda, and A. Kimura: Phys. Rev. B **91** (2015) 205306.

[91] C. X. Trang, Z. Wang, K. Yamada, S. Souma, T. Sato, T. Takahashi, K. Segawa, and Y. Ando: Phys. Rev. B **93** (2016) 165123.

[92] K. Segawa, A. A. Taskin, and Y. Ando: J. Sol. Stat. Chem. **221** (2015) 196.

[93] K. Nakayama, K. Eto, Y. Tanaka, T. Sato, S. Souma, T. Takahashi, K. Segawa, and Y. Ando: Phys. Rev. Lett. **109** (2012) 236804.

[94] Y. Zhang, K. He, C.-Z. Chang, C.-L. Song, L. Wang, X. Chen, J.-F. Jia, Z. Fang, X. Dai, W.-Y. Shan, S.-Q. Shen, Q. Niu, X.-L. Qi, S.-C. Zhang, X.-C. Ma, and Q.-K. Xue: Nature Phys. **6** (2010) 584.

[95] A. A. Taskin, S. Sasaki, K. Segawa, and Y. Ando: Phys. Rev. Lett. **109** (2012) 066803.

[96] Y. L. Chen, J.-H. Chu, J. G. Analytis, Z. K. Liu, K. Igarashi, H.-H. Kuo, X. L. Qi, S. K. Mo, R. G. Moore, D. H. Lu, M. Hashimoto, T. Sasagawa, S. C. Zhang, I. R. Fisher, Z. Hussain, and Z. X. Shen: Science **329** (2010) 659.

[97] S.-Y. Xu, M. Neupane, C. Liu, D. Zhang, A. Richardella, L. A. Wray, N.

Alidoust, M. Leandersson, T. Balasubramanian, J. Sanchez-Barriga, O. Rader, G. Landolt, B. Slomski, J. H. Dil, J. Osterwalder, T.-R. Chang, H.-T. Jeng, H. Lin, A. Bansil, N. Samarth, and M. Z. Hasan: Nature Phys. **8** (2012) 616.

[98] X.-L. Qi, R.-D. Li, J.-D. Zang, and S.-C. Zhang: Science **323** (2009) 1184.

[99] X.-L. Qi, T. L. Hughes, and S.-C. Zhang: Phys. Rev. B **78** (2008) 195424.

[100] T. Shoman, A. Takayama, T. Sato, S. Souma, T. Takahashi, T. Oguchi, K. Segawa, and Y. Ando: Nature Commun. **6** (2015) 6547.

[101] L. Fu: Phys. Rev. Lett. **106** (2011) 106802.

[102] T. H. Hsieh, H. Lin, J. Liu, W. Duan, A. Bansil, and L. Fu: Nature Commun. **3** (2012) 982.

[103] Y. Tanaka, Z. Ren, T. Sato, K. Nakayama, S. Souma, T. Takahashi, K. Segawa, and Y. Ando: Nature Phys. **8** (2012) 800.

[104] P. Dziawa, B. J. Kowalski, K. Dybko, R. Buczko, A. Szczerbakow, M. Szot, E. Lusakowska, T. Balasubramanian, B. M. Wojek, M. H. Berntsen, O. Tjernberg, and T. Story: Nature Mater. **11** (2012) 1023.

[105] S.-Y. Xu, C. Liu, N. Alidoust, M. Neupane, D. Qian, I. Belopolski, J. D. Denlinger, Y. J. Wang, H. Lin, L. A. Wray, G. Landolt, B. Slomski, J. H. Dil, A. Marcinkova, E. Morosan, Q. Gibson, R. Sankar, F. C. Chou, R. J. Cava, A. Bansil, and M. Z. Hasan: Nature Commun. **3** (2012) 1192.

[106] Y. Tanaka, T. Sato, K. Nakayama, S. Souma, T. Takahashi, Z. Ren, M. Novak, K. Segawa, and Y. Ando: Phys. Rev. B **87** (2013) 155105.

[107] B.-J. Yang and N. Nagaosa: Nature Commun. **5** (2015) 4898.

[108] Z. Wang, H. Weng, Q. Wu, and Z. Fang: Phys. Rev. B **88** (2013) 125427.

[109] Z. Wang, Y. Sun, X.-Q. Chen, C. Franchini, G. Xu, H. Weng, X. Dai, and Z. Fang: Phys. Rev. B **85** (2012) 195320.

[110] Z. K. Liu, B. Zhou, Y. Zhang, Z. J. Wang, H. M. Weng, D. Prabhakaran, S.-K. Mo, Z.-X. Shen, Z. Fang, X. Dai, Z. Hussain, and Y. L. Chen: Science **343** (2014) 864.

[111] M. Neupane, S.-Y. Xu, R. Sankar, N. Alidoust, G. Bian, C. Liu, I. Belopolski, T.-R. Chang, H.-T. Jeng, H. Lin, A. Bansil, F. Chou, and M.

Z. Hasan: Nature Commun. **5** (2014) 3786.

[112] S. Borisenko, Q. Gibson, D. Evtushinsky, V. Zabolotnyy, B. Büchner, and R. J. Cava: Phys. Rev. Lett. **113** (2014) 027603.

[113] X. Wan, A. M. Turner, A. Vishwanath, and S. Y. Savrasov: Phys. Rev. B **83** (2011) 205101.

[114] H. Weng, C. Fang, Z. Fang, B. A. Bernevig, and X. Dai, Phys. Rev. X **5** (2015) 011029.

[115] S.-M. Huang, S.-Y. Xu, I. Belopolski, C.-C. Lee, G. Chang, B. Wang, N. Alidoust, G. Bian, M. Neupane, C. Zhang, S. Jia, A. Bansil, H. Lin, and M. Z. Hasan: Nature Commun. **6** (2015) 7373.

[116] S.-Y. Xu, I. Belopolski, N. Alidoust, M. Neupane, G. Bian, C. Zhang, R. Sankar, G. Chang, Z. Yuan, C.-C. Lee, S.-M. Huang, H. Zheng, J. Ma, D. S. Sanchez, B. Wang, A. Bansil, F. Chou, P. P. Shibayev, H. Lin, S. Jia, and M. Z. Hasan: Science **349** (2015) 613.

[117] B. Q. Lv, H. M. Weng, B. B. Fu, X. P. Wang, H. Miao, J. Ma, P. Richard, X. C. Huang, L. X. Zhao, G. F. Chen, Z. Fang, X. Dai, T. Qian, and H. Ding: Phys. Rev. X **5** (2015) 031013.

[118] L. X. Yang, Z. K. Liu, Y. Sun, H. Peng, H. F. Yang, T. Zhang, B. Zhou, Y. Zhang, Y. F. Guo, M. Rahn, D. Prabhakaran, Z. Hussain, S.-K. Mo, C. Felser, B. Yan, and Y. L. Chen: Nature Phys. **11** (2015) 728.

[119] S. Souma, Z. Wang, H. Kotaka, T. Sato, K. Nakayama, Y. Tanaka, H. Kimizuka, T. Takahashi, K. Yamauchi, T. Oguchi, K. Segawa, and Y. Ando: Phys. Rev. B **93** (2016) 161112(R).

[120] A. Yamakage, Y. Yamakawa, Y. Tanaka, and Y. Okamoto: J. Phys. Soc. Jpn. **85** (2016) 013708.

[121] Q. Xu, Z. Song, S. Nie, H. Weng, Z. Fang, and X. Dai: Phys. Rev. B **92** (2015) 205310.

索　引

■ 英数字 ▶

- $1T$ 構造 ····· 58
- $2H$ 構造 ····· 58
- 2 次元電子検出器 ····· 12
- 2 次元トポロジカル結晶絶縁体 ····· 83
- 3 角プリズム型 ····· 58
- 3 次元ディラック半金属 ····· 84
- ARPES ····· 1
- Bardeen, Cooper, Schrieffer ····· 18
- BCS の壁 ····· 20
- BCS 理論 ····· 18
- CuO_2 面 ····· 35
- CVD ····· 48
- $d_{x^2-y^2}$ 対称性 ····· 26
- d_{xy} 対称性 ····· 26
- FeSe ····· 33
- $LaFeAsO_{1-x}F_x$ ····· 33
- LEED ····· 11
- MBE ····· 11
- MCP ····· 12
- MgB_2 ····· 33
- photoelectric effect ····· 3
- quintuple layer ····· 75
- RHEED ····· 11
- s_{++} 波 ····· 41
- s_{+-} 波 ····· 39
- s 対称 ····· 26
- VLEED 検出器 ····· 9
- Z_2 指数 ····· 62

■ あ ▶

- アルカリ金属 ····· 43
- アンチサイト置換 ····· 73
- アンチモノポール ····· 85
- 安定なディラック半金属 ····· 84
- 異常ホール効果 ····· 86
- 位相幾何学 ····· 61
- 異方性 ····· 40
- インターカレート ····· 53
- エッジ ····· 61
- エネルギー固有値 ····· 4
- エネルギー分解能 ····· 1
- エネルギー保存則 ····· 4
- 大きなフェルミ面 ····· 24

■ か ▶

- 回転対称性 ····· 81
- 外部光電効果 ····· 3
- カイラリティ ····· 85
- カイラル異常 ····· 86
- カイラル磁気異常 ····· 86
- 化学蒸着法 ····· 48
- 核磁気緩和率 ····· 30
- 角度積分光電子分光 ····· 6
- 角度分解光電子分光 ····· 1, 6
- 下部ハバードバンド ····· 22
- カマリン・オネス ····· 17
- 擬ギャップ ····· 28
- キセノン放電管 ····· 11
- 軌道ゆらぎ ····· 41
- 鏡映対称性 ····· 81
- 金属間化合物 ····· 33
- 空間反転対称性 ····· 70
- 空間反転対称性が破れたワイル半金

属	87
クーロン反発力	21
グライド鏡映対称性	88
グラファイト	47
クラマース点	63
結合エネルギー	4
結晶格子	19
ゲルマネン	57
交換分裂	14
光電子	3
光電子分光	4
光量子仮説	3
黒鉛	47
黒鉛層間化合物	53

▶さ◀

サイクロトロン運動	11
時間反転対称性	63
時間反転対称点	78
磁気抵抗	38
磁気モーメント	9
仕事関数	5
磁性不純物	69
自然超格子	75
質量ゼロのディラック電子	47
種数	62
シュレディンガー方程式	4
純スピン流	64
準粒子	2
状態密度	25
常伝導状態	25
上部ハバードバンド	22
ショックレー準位	78
シリコンカーバイド	48
シリセン	56
真空紫外線	3
真空準位	8
真空蒸着法	6
水素終端法	50

スタネン	57
スピン	1, 9
スピン軌道相互作用	6
スピン検出器	2
スピン秩序	32
スピンテクスチャ	2
スピン–電気変換	74
スピントロニクス	64
スピン分解 ARPES	2
スピン分解光電子分光	9
スピン偏極率	14
正四面体型	58
静電半球型アナライザー	12
ゼーベック係数	38
ゼロギャップ半導体	62
遷移金属ダイカルコゲナイド	57
遷移金属モノプニクタイド	87
線ノード半金属	83
素励起	2

▶た◀

第一原理バンド計算	36
多軌道効果	36
単色化	11
単層 FeSe 薄膜	41
小さなフェルミ面	23
超格子	74
超高速電子デバイス	56
超伝導	17
超伝導ギャップ	1
超伝導ギャップの対称性	26
超伝導コヒーレントピーク	40
超伝導ドーム	45
超伝導ピーク	26
超伝導フィーバー	20
通電加熱	49
強いトポロジカル絶縁体	64
ディラックギャップ	69

ディラックキャリア 73
ディラックコーン 37
ディラック点 37, 51, 63
ディラック電子 37
ディラック半金属 62, 83
ディラック方程式 37
テトラジマイト 65
電界効果 57
電荷移動 42
電荷秩序 30
電荷密度波 58
電気伝導度 1
点群対称性 80
電子型高温超伝導体 29
電子状態密度 6
電子相関 21
電子相図 35
電子ドープ型 28
電子ネマティック秩序 43
電子－ホール対称性 30
電子レンズ 9

透明電極 56
トポロジー 61
トポロジカル近接効果 77
トポロジカル結晶絶縁体 80, 81
トポロジカル結晶超伝導体 83
トポロジカル絶縁体 61
トポロジカル超伝導 77
トポロジカル電気磁気効果 70, 77
トポロジカル半金属 80, 83
トポロジカル不変量 62
トポロジカル量子相転移 67
トンネル分光 41

な

内部ポテンシャル 8
軟X線 3

ニュートリノ 64

熱分離法 48

ノンシンモルフィック 88

は

パイロクロア型イリジウム酸化物・86
剥離法 48
バックリング構造 57
バッファー層 49
パリティ 62
バルク－エッジ対応 62
バレー構造 59
半球型電子エネルギーアナライザー 9
反強磁性秩序 28
半金属 35
バンド間散乱 38
バンド構造 1
バンド反転 62
バンド分散 1
反粒子 64

光吸収 1
比熱 30

不安定なディラック半金属 84
フェルミアーク 86
フェルミ準位 4
フェルミ-ディラック分布関数 ... 38
フェルミ面角度 28
フォノン 19
負の磁気抵抗 86
プラズマ放電管 11
プラズモン 26
ブリルアンゾーン 27
ブロック層 35
分光器 9

並進対称性 7
ヘテロ構造 74
ベドノルツ 20
ベリー曲率 85
ヘリウム放電管 5
ヘリカルスピンテクスチャ 64
ヘルツの実験 3
ペロブスカイト 35

放射光 11
放電管 9
ホール 22
ホール係数 30
ホールドープ型 28
ポストグラフェン 56
ホモロガス物質 75

■ま▶

マイクロ4端子法 55
マヨラナフェルミオン 64
マルチチャンネルプレート 12

ミニモット検出器 9
ミューラー 20
ミラーチャーン数 81

面心立方格子 81

モット散乱 12
モット–ハバードギャップ 22
モット–ハバード絶縁体 21
モノポール 85

■や▶

柔らかい幾何学 61

ユニットセル 35

■ら▶

ラシュバ分裂 78
らせん対称性 88

量子異常ホール効果 70
量子コンピュータ 64
量子振動 38
量子スピンホール効果 57

励起状態 3
レーザー 11
連続光 11

■わ▶

ワイル点 85
ワイルノード 85
ワイル半金属 83
ワイル粒子 85

著者紹介

高橋　隆（たかはし　たかし）

1974 年 3 月	東京大学理学部物理学科卒業
1981 年 3 月	東京大学大学院理学系研究科相関理化学専攻博士課程中退
1981 年 4 月	東北大学理学部物理学科　助手
1982 年 4 月	理学博士（東京大学）
1994 年 6 月	東北大学理学部物理学科　助教授
2001 年 12 月	東北大学大学院理学研究科物理学専攻　教授
2007 年 10 月	東北大学原子分子材料科学高等研究機構　教授

専　門　物性物理学
著　書　「光電子固体物性」（2001 年，朝倉書店）
趣味等　犬の散歩
受賞歴　2005 年 4 月　科学技術分野の文部大臣表彰　科学技術賞（研究部門）
　　　　2014 年 5 月　第 11 回本多フロンティア賞
　　　　2014 年 6 月　Highly Cited Researcher 2014（トムソン・ロイター）

佐藤宇史（さとう　たかふみ）

1997 年 3 月	東北大学理学部物理学科卒業
1999 年 4 月	日本学術振興会特別研究員（DC1）
2002 年 3 月	東北大学大学院理学研究科博士後期課程終了
2002 年 4 月	日本学術振興会特別研究員（PD）
2002 年 12 月	東北大学大学院理学研究科　助手
2007 年 4 月	同助教
2010 年 4 月	同准教授
2017 年 4 月	同教授

専　門　物性物理学
趣味等　料理
受賞歴　2009 年 4 月　平成 21 年度科学技術分野の文部科学大臣表彰：若手科学者賞
　　　　2014 年 6 月　Highly Cited Researcher 2014（トムソン・ロイター）

基本法則から読み解く 物理学最前線 16
ARPES で探る固体の電子構造
高温超伝導体からトポロジカル絶縁体

Electronic Structure of Solids Studied by ARPES
—High-Temperature Superconductor to Topological Insulator—

2017 年 4 月 25 日　初版 1 刷発行

著　者　高橋隆・佐藤宇史 © 2017
監　修　須藤彰三
　　　　岡　真
発行者　南條光章
発行所　**共立出版株式会社**
　　　　東京都文京区小日向 4-6-19
　　　　電話　03-3947-2511（代表）
　　　　郵便番号　112-0006
　　　　振替口座　00110-2-57035
　　　　URL http://www.kyoritsu-pub.co.jp/

印　刷
製　本　藤原印刷

検印廃止
NDC 428, 549
ISBN 978-4-320-03536-2

一般社団法人
自然科学書協会
会員

Printed in Japan

<small>JCOPY　<出版者著作権管理機構委託出版物>
本書の無断複製は著作権法上での例外を除き禁じられています。複製される場合は，そのつど事前に，出版者著作権管理機構（TEL：03-3513-6969，FAX：03-3513-6979，e-mail：info@jcopy.or.jp）の許諾を得てください。</small>